Cahiers de Logique et d'Épistémologie

Volume 2

Gottlob Frege
Une Introduction

Volume 1
Prolog, tout de suite!
Patrick Blackburn, Johan Bos and Kristina Striegnitz
Traduit par Hélène Manuélian

Volume 2
Gottlob Frege. Une Introduction
Markus Stepanians
Traduit de l'allemand par Alexandre Thiercelin

Cahiers de Logique et d'Épistémologie Series Editors
Dov Gabbay   dov.gabbay@kcl.ac.uk   Shahid Rahman   shahid.rahman@univ-lille3.fr

Comité Scientifique: Daniel Andler (Paris — ENS); Diderik Batens (Gent); Jean Paul van Bendegem (Vrije Universiteit Brussel); Johan van Benthem (Amsterdam/Stanford); Walter Carnielli (Campinas-Brésil); Pierre Cassou-Nogues (Lille 3- UMR 8163-CNRS); Jacques Dubucs (Paris 1); Jean Gayon (Paris 1); François De Gandt (Lille 3- UMR 8163-CNRS); Paul Gochet (Liège); Gerhard Heinzmann (Nancy 2); Andreas Herzig (Université de Toulouse — IRIT : UMR 5505-NRS); Bernard Joly (Lille 3-UMR 8163-CNRS); Claudio Majolino (Lille 3-UMR 8163-CNRS); David Makinson (London School of Economics); Gabriel Sandu (Paris 1); Hassan Tahiri (Lille 3-UMR 8163-CNRS) .

Gottlob Frege
Une Introduction

par Markus Stepanians

Traduit par Alexandre Thiercelin

© Individual author and College Publications 2007. All rights reserved.

ISBN 978-1-904987-51-2

College Publications
Scientific Director: Dov Gabbay
Managing Director: Jane Spurr
Department of Computer Science
Strand, London WC2R 2LS, UK
kcp@dcs.kcl.ac.uk

Translation from German. Original book *Gottlob Frege zur Einführung* by Markus Stepanians, published by Junius Verlag GmbH.

Original cover design by orchid creative   www.orchidcreative.co.uk
Printed by Lightning Source, Milton Keynes, UK

All rights reserved. No part of this publication may be reproduced, stored in a retrieval system or transmitted, in any form, or by any means, electronic, mechanical, photocopying, recording or otherwise, without prior permission, in writing, from the publisher.

Table des matières

Préface de Shahid Rahman: "Frege par lui-même"	viii
Avant-propos du traducteur	xi
Chapitre 1. La vie et l'œuvre de Frege	1
Chapitre 2. Le projet de Frege: la question de la source de connaissance de l'arithmétique	11
§1 "Pas un modèle de clarté logique"	11
§2 L'ordre par l'axiomatisation: la proposition de Dedekind	12
§3 La base axiomatique: la remontée des chaînes de conclusions	16
§4 Trois sources de connaissance	17
§5 Analytique et synthétique, *a priori* et *a posteriori*	20
§6 La source de connaissance logique et la langue	24
§7 La thèse logiciste: l'arithmétique est analytique	26
§8 La logique entendue comme la science la plus générale	28
Chapitre 3. De la nécessité d'une conceptographie	32
§1 L'exemple de l'induction complète	32
§2 L'idée d'une preuve formelle	34
§3 L'impossibilité des preuves formelles dans les "langues verbales"	36
§4 L'idée d'une conceptographie: la conceptographie de Frege	38
§5 Lettres et généralité	42
§6 Argument et fonction au lieu de sujet et prédicat	47
§7 Le système d'axiomes de la conceptographie	49
Chapitre 4. L'argument des Fondements de l'Arithmétique	52
§1 Le sens et le but des *Fondements de l'Arithmétique* (1884)	52
§2 Trois principes méthodiques	53
§3 "L'indication d'un nombre contient un énoncé à propos d'un concept"	56
§4 L'objectivité des concepts	58

Markus Stepanians. *Gottlob Frege. Une Introduction.*
Traduit de l'allemand par Alexandre Thiercelin.
Copyright © 2007.

§5 Les nombres sont des objets indépendants 61
§6 La question cruciale: comment les nombres nous sont-ils donnés? 63
§7 Le principe contextuel 63
§8 La détermination du sens au moyen de critères d'identité 65
§9 La stratégie définitionnelle de Frege 66
§10 L'identité pour les nombres cardinaux: le principe de Hume 68
§11 Le problème de César 69
§12 La définition explicite de Frege et son recours
 aux extensions conceptuelles 71
§13 Les deux conditions qui justifient la définition explicite 73
§14 La loi fondamentale V et l'antinomie de Russell 74
§15 Le principe de Hume et le théorème de Frege 79

Chapitre 5. La philosophie de la logique de Frege: la "référence" 83

§1 La légitimation sémantique des règles de conclusion 83
§2 Le principe *salva veritate* et le principe de réalité 85
§3 Objet, valeur de vérité et concept 87
§4 Argument et fonction 92
§5 Les concepts sont des fonctions, les valeurs de vérité sont des objets 95
§6 Concepts de degré supérieur et relations entre concepts 98

Chapitre 6. Déficiences logiques et autres complications des langues naturelles 101

§1 Déficiences logiques et contextes modifiant la référence$_F$ 101
§2 Les rigidités de la langue: "Le concept cheval n'est pas un concept" 102
§3 Absence de référence$_F$ et "fiction" 105
§4 Discours direct, mise entre guillemets et discours indirect 110

Chapitre 7. La théorie du "sens" de Frege 118

§1 Le sens$_F$ pour quoi faire? La sémantique du discours indirect 118
§2 Le sens$_F$ pour quoi faire? Aspects sémantiques et épistémiques 119
§3 Référence$_F$ identique mais valeur de connaissance différente 121
§4 Les pensées et leurs parties: la compositionalité du sens$_F$ 122
§5 Un critère d'identité pour les sens$_F$: l'évidence de l'identité
 de la référence$_F$ 124
§6 Le sens$_F$ est objectif, les représentations sont subjectives 127

Markus Stepanians. *Gottlob Frege. Une Introduction.*
Traduit de l'allemand par Alexandre Thiercelin.
Copyright © 2007.

§7 La relation entre sens_F et référence_F 129
§8 Les sens_F considérés comme des prémisses et des
    conclusions d'arguments 131

**Chapitre 8. L'être-vrai et l'activité de reconnaître
    comme vrai** **134**
§1 La vérité est absolue 134
§2 L'omniprésence du sens_F de "vrai" 135
§3 Frege: toute définition du mot "vrai" ne peut être que circulaire 136
§4 La vérité est-elle une propriété? 139
§5 Juger c'est reconnaître une pensée comme vraie 143
§6 Penser en s'abstenant de juger 144
§7 Penser et juger la même pensée 146
§8 Penser n'est pas engendrer des pensées 148
§9 Poser comme vrai et la "force assertorique" 150

Indications bibliographiques **153**

Tableau chronologique **157**

A propos de l'auteur **158**

Markus Stepanians. *Gottlob Frege. Une Introduction.*
Traduit de l'allemand par Alexandre Thiercelin.
Copyright © 2007.

Frege par lui-même

L'œuvre de Gottlob Frege (1848-1925) compte parmi les œuvres capitales de la philosophie contemporaine et elle constitue le pilier de la philosophie analytique.

En effet, si à l'origine l'œuvre de Frege partage des intérêts et des fondements théoriques avec l'école de Franz Brentano et de Edmund Husserl, elle a fini par prendre un cours différent et original qui a jeté les bases de la philosophie analytique. Une philosophie dans laquelle, comme l'a bien montré Michael Dummett[1], l'analyse logique du langage est tenue pour l'unique accès possible à la pensée. Cette idée permet à Dummett de proposer la même méthode d'analyse pour opérer la jonction entre la science et la philosophie. La science est ainsi conçue comme un ensemble de phrases (sous mode assertorique) qui expriment des propositions, la philosophie de la science devenant dès lors l'étude des relations logiques entre ces propositions. Science et philosophie retrouvent par là même les relations internes qui s'étaient évanouies entre les cimes et les abîmes du post-kantisme. En outre, à travers l'œuvre de Frege, la logique retrouve le rôle aristotélicien d'instrument (*organon*) pour la recherche des propositions qui fondent les théories scientifiques. Frege comprend une telle fondation comme le processus logique par lequel se trouve établi le lien avec l'objet ultime auquel réfèrent les propositions: l'objet *vérité*. En somme, la science, pour Frege, c'est le lieu où logique et vérité[2] se rejoignent, la philosophie de la science produisant l'analyse censée mettre en évidence une telle jonction.

La singularité de l'œuvre de Frege que nous venons de souligner est telle qu'il est très facile de succomber à la tentation de l'aborder à partir

---

[1] Dummett, Michael (1988). *Ursprünge der analytischen Philosophie*. Frankfurt am Main: Suhrkamp, p.11. [*Les Origines de la Philosophie Analytique*, trad. par Marie-Anne Lescourret (1991). Paris: Gallimard nrf essais, p. 13.]

[2] Chez Wittgenstein la thèse devient: la science est le lieu où logique et états de chose se rejoignent.

Markus Stepanians. *Gottlob Frege. Une Introduction.*
Traduit de l'allemand par Alexandre Thiercelin.
Copyright © 2007.

de ses résultats et de ses conséquences, et ainsi d'expliquer son sens de l'extérieur. On part par exemple de la philosophie du langage ou de la philosophie de la science contemporaines, ou encore de la naissance d'une nouvelle philosophie de la mathématique, voire du débat actuel qui oppose réalistes platoniciens, réalistes modérés, conceptualistes, antiréalistes et pragmatistes, pour en venir à une qualification et à une classification censées situer l'œuvre de Frege dans la mosaïque de la pensée contemporaine. Markus Stepanians, l'auteur de la présente et excellente introduction à l'œuvre de Gottlob Frege, n'est pas tombé dans ce travers. Ce qui distingue le travail de Markus Stepanians de toutes les autres introductions, et qui justifie que le public de langue française y ait aujourd'hui accès, outre l'évidente nécessité d'une œuvre de cette qualité en français, est précisément de proposer au lecteur une interprétation interne[3].

Dans d'autres exposés célèbres de l'œuvre de Frege, un programme philosophique bien déterminé guide la lecture, parfois au détriment de la compréhension de la dynamique interne de la théorie de Frege[4]. En effet, certains commentateurs entendent montrer que Frege était un philosophe du langage, d'autres, qu'il était un mathématicien, d'autres encore, qu'il était un kantien, d'autres enfin, qu'il était un platonicien. En s'en tenant à une interprétation interne qui rompt avec les tentatives de ces commentateurs, Markus Stepanians nous présente une introduction dans laquelle la

---

[3] Stepanians a adopté cette même méthode dans son travail fondamental: Stepanians, Markus (1998). *Frege und Husserl über Urteilen und Denken*. Paderborn/ München: Schöningh. Le lecteur en trouvera un compte-rendu dans: Rahman, Shahid (2001-2002). "Essay on Djenozka's *Russell on Modalities and Logical Relevance*, and Stepanians's *Frege und Husserl über Urteilen und Denken*". *History and Philosophy of Logic*, vol. 22, 2001, pp. 99-112.

[4] Pour mentionner quelques-uns de ces exposés: Anscombe, Elizabeth/ Geach, Peter Thomas (1961). *Three Philosophers*. Oxford: Oxford University Press; Dummett, Michael (1973). *Frege: Philosophy of Language*. London: Duckworth; Dummett, Michael (1981). *The Interpretation of Frege's Philosophy*. London: Duckworth; Dummett, Michael (1991). *Frege and Other Philosophers*. Oxford: Oxford University Press; Dummett, Michael (1991). *Frege: Philosophy of Mathematics*. London: Duckworth; Kenny, Anthony (1995). *Frege*. Massachusetts: Blackwell; Von Kutschera, Franz (1989). *Gottlob Frege*. Berlin/New-York: de Gruyter; Stuhlmann-Laeisz, Rainer (1995). *Gottlob Freges Logische Untersuchungen*. Darmstadt: WB; Thiel, Christian (1965). *Sinn und Bedeutung in der Logik Gottlob Freges*. Meisenheim.

Markus Stepanians. *Gottlob Frege. Une Introduction.*
Traduit de l'allemand par Alexandre Thiercelin.
Copyright © 2007.

genèse et le développement de la pensée de Frege sont considérés comme un entrecroisement de connexions systématiques. C'est ainsi que, pour prendre un exemple parmi tant d'autres, Markus Stepanians ne se contente pas d'exposer la théorie du concept de nombre de Frege d'une part, sa philosophie générale du langage (sens et référence) d'autre part, mais il montre comment la dynamique interne de sa théorie a conduit Frege du premier aspect de ses recherches (théorie du nombre) au second (philosophie du langage), ainsi que la manière dont ces deux aspects se connectent avec le projet général de sa philosophie. Cette stratégie fait du présent livre une véritable introduction pour le lecteur non initié qui, sans elle, aurait certainement du mal à comprendre les liens profonds tissés par Frege entre les fondements de l'arithmétique, la logique, la sémantique et la philosophie du langage, que Markus Stepanians explicite et analyse avec une précision et une concision remarquables.

Shahid Rahman, Université de Lille

Markus Stepanians. *Gottlob Frege. Une Introduction.*
Traduit de l'allemand par Alexandre Thiercelin.
Copyright © 2007.

Avant-propos du traducteur

Lorsque Markus Stepanians cite un passage d'un livre ou d'un article de Frege traduit en français, nous renvoyons à la page dans l'édition française. Dans la mesure où certains écrits de Frege n'ont pas encore fait l'objet d'une traduction publiée en français, c'est le cas par exemple des *Grundgesetze der Arithmetik* (*Lois Fondamentales de l'Arithmétique*), nous avons parfois dû proposer une traduction inédite. Pour le reste, nous nous avons naturellement repris les traductions françaises existantes. Toutefois, afin d'éviter certaines équivocités, mais aussi pour des raisons qui tiennent à ce qui nous semble être la pensée de Frege, il nous est arrivé de modifier ici et là les traductions disponibles. Nous indiquons ici quelques-uns de nos principaux choix de traduction. En rompant avec l'usage qui veut que "*Begriffschrift*" se traduise en français par "idéographie", nous avons préféré recourir au néologisme "conceptographie". Le lecteur trouvera au paragraphe 4 du chapitre 3 de la présente traduction une remarque de Markus Stepanians qui selon nous justifie ce choix. En nous conformant aux choix des traducteurs des *Écrits posthumes*, nous traduisons "*Satz*" par "phrase" et "*Aussage*", selon les cas, par "ce qui est dit" ou par "énoncé". En revanche, nous traduisons "*Bedeutung*" par "référence".

Cette traduction est le résultat des échanges permanents que nous avons eus avec le Pr. Shahid Rahman depuis le jour où il a bien voulu nous accorder sa confiance en nous proposant un travail de traduction auquel nous n'étions pas préparé. Un séminaire hebdomadaire organisé au cours de l'année universitaire 2005-2006 avec les membres du groupe "Pragmatisme dialogique" de Lille et consacré à l'étude linéaire des *Fondements de l'Arithmétique* nous a permis de vérifier l'acuité de la lecture de Markus Stepanians en la confrontant directement au texte de Frege. Nous remercions chaleureusement Juan Redmond, Sébastien Magnier et Etienne Helmer pour leurs relectures patientes et leurs suggestions avisées. Laure Damien a fait avec nous une partie non négligeable du long

Markus Stepanians. *Gottlob Frege. Une Introduction.*
Traduit de l'allemand par Alexandre Thiercelin.
Copyright © 2007.

chemin menant à la présente traduction. Elle sait tout ce que nous lui devons.

Chapitre 1. La vie et l'œuvre de Frege

"Frege (1848-1925) est le fondateur de la logique moderne. En tant que logicien et philosophe de la logique, il peut être comparé à Aristote; en tant que philosophe des mathématiques, personne ne l'a encore égalé dans l'histoire de la philosophie". C'est sur ces mots que s'ouvre le chapitre qu'Anthony Kenny consacre à Gottlob Friedrich Ludwig Frege dans son *Histoire Illustrée de la Philosophie Occidentale*[1]. Si cette appréciation n'est aujourd'hui contestée par personne, il n'en a pas toujours été ainsi. De son vivant Frege n'obtient que peu de reconnaissance de la part de la communauté scientifique. Comme le raconte son collègue alors autrement plus célèbre Edmund Husserl (1859-1938), ses contemporains le tenaient pour "un esprit original et perspicace mais peu productif aussi bien comme mathématicien que comme philosophe"[2]. Quand Husserl écrit ces lignes en 1938, certaines innovations révolutionnaires de Frege en logique sont déjà largement acceptées, sans que l'on sache toujours à qui en attribuer la paternité. Bien que sa reconnaissance en tant que logicien n'ait cessé de croître dans la seconde moitié du vingtième siècle, d'un point de vue philosophique on le considérait encore il y a peu comme un simple précurseur: il avait certes donné des impulsions conceptuelles importantes à des programmes et à des idées, mais pour les développer complètement il avait fallu attendre des esprits soi-disant plus créatifs tels que Bertrand Russell (1872-1970), Ludwig Wittgenstein (1889-1951) ou encore Rudolf Carnap (1891-1970). C'est seulement au cours des trente dernières années qu'il est enfin devenu évident que l'influence de Frege sur ces penseurs, comme en général sur la philosophie du vingtième siècle, allait bien au-delà de pures et simples impulsions conceptuelles ou autres innovations techniques en logique, et que les propres théories philosophiques de Frege ne le cédaient ni en originalité ni en profondeur à celles de ses successeurs, et même les dépassaient souvent. Il suffit de jeter un coup d'œil rapide aux revues philosophiques

---

[1] Kenny, Anthony, éd. (1994). *Illustrated History of Western Philosophy*. Oxford: Oxford University Press. [Stepanians cite le passage dans: (1995). *Illustrierte Geschichte der westlichen Philosophie*. Frankfurt/ New York: Campus Verlag, p. 260. (*N.d.T.*)]

[2] *Correspondance Scientifique*. In Gabriel 1976: p. 92.

spécialisées pour voir que Frege est devenu l'un des penseurs les plus discutés du vingtième siècle. Si c'est d'abord en Angleterre et en Amérique que ses travaux ont été étudiés et reconnus, Frege le doit avant tout à la haute estime dans laquelle Russell et Wittgenstein, qui vivaient et travaillaient tous les deux à Cambridge, le tenaient. Dans la préface de son principal ouvrage écrit en collaboration avec A. N. Whitehead, les *Principia Mathematica*, Russell concède avec la générosité qui le caractérise: "Pour toutes les questions logico-analytiques, c'est à Frege que nous devons le plus"[3]. Wittgenstein aurait appris par cœur des passages entiers des écrits de Frege, et dans son œuvre on trouve plus d'allusions directes ou indirectes à Frege qu'à n'importe quel autre penseur. Il est venu le voir plusieurs fois et il a longtemps correspondu avec lui sur un ton toujours plus amical. Wittgenstein a raconté plus tard à un ami anglais ce que fut leur première rencontre: "J'écrivis à Frege en avançant quelques objections à ses théories et j'attendis avec anxiété une réponse. À mon grand plaisir, Frege me répondit et m'invita à venir le voir. Lorsque j'arrivai [...] on me conduisit dans son bureau. Frege était un homme de petite taille, poli, la barbe taillée en pointe, et qui faisait les cent pas dans la pièce quand il parlait. Il m'anéantit complètement, je fus terrassé. Mais à la fin il dit: 'Vous devez revenir'. Je repris courage"[4]. Dans la préface de son *Tractatus Logico-Philosophicus*, Wittgenstein renvoie expressément aux nombreuses suggestions qu'il doit à "l'œuvre grandiose de Frege"[5]. Jusque dans son dernier ouvrage, les *Recherches Philosophiques*, que ce soit de manière directe ou indirecte, il continue de discuter les idées de Frege. De nombreuses remarques de Wittgenstein ne deviennent compréhensibles que lorsqu'on est familier avec les idées de Frege. Il est sans doute le seul philosophe pour lequel Wittgenstein a eu une profonde estime tout au long de sa vie.

La grande influence de Frege sur la philosophie du vingtième siècle n'en a pas moins quelque chose d'étrange au premier abord. De fait, il n'était pas du tout philosophe au départ. C'était un mathématicien que préoccupaient les problèmes de fondation de sa discipline. Sa thèse de doctorat comme sa thèse d'habilitation furent des travaux en mathématiques, et après avoir passé son habilitation en 1874 c'est au

---

[3] Russell, Bertrand/ Whitehead, Alfred, North (1910-1913). *Principia Mathematica*. (1986). Frankfurt am Main: Suhrkamp, p. 6.

[4] Anscombe/ Geach 1961: p. 129 et suivantes.

[5] *Tractatus Logico-Philosophicus*, trad. par Gilles-Gaston Granger (1993). Paris: Gallimard, p. 32.

département de mathématiques de l'université de Iéna qu'il enseigna, d'abord comme *Privatdozent*[6], puis comme professeur honoraire extraordinaire, enfin, à partir de 1896, comme professeur honoraire ordinaire. Il n'obtint jamais de chaire. En fin de compte, les recherches philosophiques de Frege n'eurent d'autre but que de répondre à une seule question d'allure ésotérique: que sont les nombres? Frege répondit qu'ils étaient quelque chose de purement logique et que par conséquent il devrait être possible de prouver toutes les phrases de l'arithmétique en n'utilisant rien d'autre que des principes logiques généraux. Il voulut montrer pas à pas qu'avec des moyens purement logiques il était possible de prouver que $2 + 2 = 4$. Tel fut son programme "logiciste".

Dès lors, comment expliquer que ce projet mathématico-philosophique ait donné une orientation nouvelle à la philosophie de la théorie de la connaissance qui fait de Frege, aux yeux de son interprète le plus éminent, Michael Dummett, le "premier philosophe moderne" et le père de la philosophie analytique du langage? La raison réside moins dans le programme logiciste de Frege que dans les analyses et les méthodes précises que celui-ci imagina pour le mener à bien. En premier lieu, il y a ses découvertes dans le domaine de la logique. Le système de logique élaboré par le jeune Frege dans la *Conceptographie* (1879) joue pour la logique moderne un rôle pionnier semblable à celui de la mécanique de Newton pour la physique moderne. Certes, on avait toujours été conscient de l'importance fondamentale pour la philosophie de se doter d'une logique appropriée. Déjà Aristote avait fait de la logique une discipline philosophique particulière et il s'était servi des résultats obtenus dans ce domaine pour résoudre des problèmes philosophiques. Ces tentatives atteignirent un haut degré de subtilité dans la scolastique, mais dans le même temps il devint de plus en plus évident que la logique aristotélicienne ne pourrait finalement pas satisfaire toutes les attentes des philosophes à son égard. Plus tard, au début de l'époque moderne, l'idée s'imposa enfin que la logique était philosophiquement stérile et son étude attentive devint l'une des premières victimes du mépris qui se développait alors pour tout ce qui avait trait à la scolastique. Ces vues philosophiques fondatrices que l'on avait d'abord attendues de la logique, on attendait désormais que la théorie de la connaissance nous les procurât et on propagea de multiples manières ce que Frege allait appeler plus tard "la fable de la stérilité de la logique

---

[6] Enseignant habilité à diriger des recherches mais sans contrat permanent (*N.d.T.*)

pure"⁷. Il fallut attendre Frege pour montrer que la déficience ne résidait pas dans la logique mais dans certaines présuppositions qui avaient étayé son élaboration par les Aristotéliciens, en particulier leur conviction selon laquelle tous les phrases peuvent être réduites à la forme logique "S est P". Frege y vit une croyance sans fondement qui pendant des siècles avait empêché la logique – et donc aussi la philosophie – de progresser. L'apport philosophique sans doute le plus important de Frege est d'avoir remis la logique dans ses droits anciens.

Pour Frege, les malentendus concernant la forme logique de nos phrases sont la cause d'un grand nombre d'erreurs philosophiques. Si nous les commettons très facilement, c'est seulement "parce que nous avons l'habitude de penser dans une langue quelconque et que la grammaire, qui a pour le langage une signification analogue à celle qu'a la logique pour la pensée, mélange le psychologique et le logique"⁸. Pour les aider à ne pas succomber aux séductions des langues naturelles, le jeune Frege, dès sa première publication de 1879, recommande aux philosophes l'usage d'une langue artificielle, la "conceptographie", qu'il a inventée en concevant sa grammaire uniquement à partir de considérations logiques. La conceptographie n'est pas une aide purement et simplement technique pour résoudre des problèmes logico-mathématiques spécifiques, elle est aussi un instrument précis et flexible pour l'analyse logique de toutes sortes de thèses et d'arguments. Bien que Frege n'ait d'abord voulu l'appliquer qu'aux problèmes relatifs aux fondements des mathématiques, il comprit tout de suite que son importance scientifique allait bien au-delà de ce champ d'application. Il en recommanda avec insistance l'usage aux philosophes qui disposaient là d'un instrument pour combattre les illusions linguistiques: "Si c'est une tâche de la philosophie que de briser la domination du mot sur l'esprit humain en dévoilant les illusions qui naissent presque inévitablement de l'utilisation de la langue pour les relations conceptuelles, en libérant la pensée de ce dont elle est atteinte du seul fait de la nature du moyen d'expression linguistique, alors ma conceptographie, élaborée plus avant dans ce but, sera un outil utile même aux philosophes."⁹ La proposition de Frege ne reçut aucun écho

---

[7] *Les Fondements de l'Arithmétique*, p. 145.
[8] *Écrits Posthumes*, p. 14.
[9] *Idéographie*, p. 8 et suivantes. [Nous traduirons désormais le titre de l'ouvrage par le terme "*Conceptographie*" (*N.d.T.*)]

dans un premier temps. Il n'en demeure pas moins que l'usage de cet instrument pour les analyses logiques est aujourd'hui un standard unanimement accepté. Dans la plupart des universités, une introduction à la logique classique (c'est-à-dire frégéenne) constitue un enseignement indispensable pour qui veut acquérir une solide formation philosophique. En parlant du "combat constant [...] contre la langue et la grammaire"[10], Frege formula un leitmotiv de la philosophie analytique du vingtième siècle. On en trouve un écho aussi bien dans les écrits de Wittgenstein – "La plupart des questions et des phrases des philosophes découlent de notre incompréhension de la logique de la langue"[11] – que dans l'écrit polémique et programmatique du Cercle de Vienne où l'on peut lire qu'une "victoire sur la métaphysique" passe par "l'analyse logique de la langue"[12]. Peut-être certains ont-ils trop attendu de l'instrument que Frege leur a offert. Mais il n'y aurait personne aujourd'hui pour contester encore sérieusement le gain très net en clarté et en transparence que nous devons à la conceptographie de Frege pour l'analyse logique et la critique des thèses ou des arguments philosophiques.

Cinq années après la *Conceptographie*, Frege publie ses *Fondements de l'Arithmétique* (1884). C'est avant tout à cet écrit qu'il doit d'être considéré comme le philosophe des mathématiques le plus important. Beaucoup vont même jusqu'à voir dans les *Fondements* l'un des plus grands livres de philosophie jamais écrits. L'objectif principal de l'ouvrage est de présenter et de défendre le programme logiciste que nous venons de présenter et qui devait permettre à Frege d'établir que l'arithmétique est une branche de la logique. À un moment décisif de son analyse du concept de nombre, Frege substitue à la question de l'essence du nombre une formulation qui emprunte sciemment à la théorie du langage: il interroge le sens des termes numériques "zéro" et "un". Il accomplit ainsi de façon définitive ce tournant linguistique dont Wittgenstein, quelques décennies plus tard, fera un programme général: "Toute philosophie est 'critique du langage'."[13] Dans son célèbre article de 1892, "Sens et référence", Frege approfondit cette approche en

---

[10] *Écrits Posthumes*, p. 15.
[11] *Tractatus Logico-Philosophicus*, 4.003.
[12] Carnap, Rudolf/ Hahn, Hans/ Neurath, Otto. *Wissenschaftliche Weltauffassung: Der Wiener Kreis*. In Schleichert, Hubert, éd. (1975). *Logischer Empirismus – Der Wiener Kreis*, München.
[13] *Tractatus Logico-Philosophicus*, 4.0031.

esquissant une théorie de la référence qui, aujourd'hui encore, plus d'un siècle après, demeure au centre d'un grand nombre de controverses.

Les *Lois Fondamentales de l'Arithmétique* est le troisième livre publié par Frege. Il devait initialement compter trois volumes. Avec ce livre, Frege voulait achever son programme logiciste et couronner ainsi l'œuvre de sa vie. Comme Carnap le raconte dans ses mémoires, lui qui fut un temps son étudiant, aucune maison d'édition n'était alors disposée à publier le manuscrit de Frege. Il dut finalement le faire imprimer à son compte. Le premier volume parut en 1893. Frustré de voir sa publication rester quasiment sans écho dans la communauté spécialisée, Frege laissa s'écouler presque dix années avant de publier le second volume. En juin 1902, alors que le livre était sous presse, Frege reçut une lettre de Cambridge. Mauvaise nouvelle: Russell avait découvert une contradiction dans l'argumentation minutieuse de Frege, précisément à l'endroit dont il avait lui-même indiqué dans la préface du premier volume des *Lois Fondamentales* qu'il constituait le seul talon d'Achille possible de son projet[14]. La réponse immédiate de Frege à la nouvelle de Russell donne une idée du bouleversement profond qui fut alors le sien. Il fit pourtant part de son espoir que ce résultat, à l'effet d'abord si indésirable, soit finalement profitable à la science: "Votre découverte de la contradiction m'a surpris au plus haut point et, je dirais presque, consterné, car ainsi le fondement sur lequel je comptais édifier l'arithmétique est ébranlé [...]. Quoi qu'il en soit, votre découverte est tout à fait remarquable et elle aura peut-être pour conséquence un grand progrès en logique."[15] Soixante ans plus tard, c'est dans les termes suivants que Russell parle de la réaction de Frege :

"Lorsque je pense à des actes qui manifestent de la dignité et de l'intégrité, je me rends compte que je ne connais rien de comparable au dévouement de Frege pour la vérité. L'oeuvre tout entière de sa vie touchait à sa fin, une grande partie de son travail était restée ignorée au profit d'autres individus infiniment moins doués; le second volume devait être publié sous peu, et lorsqu'il découvrit que l'une de ses suppositions fondamentales était erronée il ressentit un plaisir intellectuel, réprimant clairement tout sentiment de déception. C'était

---

[14] Voir les *Grundgesetze der Arithmetik. Begriffsschriftlich abgeleitet* [désormais: *Lois Fondamentales de l'Arithmétique. Dérivées Conceptographiquement*], Hildesheim, 1962, tome I, p. 7.

[15] *Correspondance Scientifique*. In Gabriel 1976: p. 213.

presque surhumain, un signe impressionnant de ce dont les hommes sont capables lorsqu'ils s'adonnent au travail créatif et au savoir, au lieu de s'efforcer grossièrement à dominer et à être connus."[16]

Dans une postface au second volume des *Lois Fondamentales* rédigée dans la précipitation, Frege tenta de réparer son système en affaiblissant cette "supposition" erronée dont parle Russell. Il ne se rendait manifestement pas compte au début que l'affaiblissement de cette supposition empêchait désormais la production de certaines preuves cardinales de son projet. Nous savons aujourd'hui que de cette supposition affaiblie il est également possible de dériver une contradiction.

Si Frege ne le vit pas, ce n'est certainement pas dû à de la négligence de sa part. À cette époque des choses bien plus importantes l'occupaient, comme sa réussite scientifique et académique. Sa femme Margarete était très malade, elle mourut en 1904 à l'âge de 48 ans. Le couple était sans enfant. Frege se retrouva seul. Quelques années plus tard il adopta un jeune garçon prénommé Alfred, dont il était le tuteur. C'est seulement en 1906 qu'il semble avoir repris son travail scientifique. Selon toute vraisemblance, c'est seulement alors qu'il comprit que ce qu'il avait proposé dans sa postface aux *Lois Fondamentales* pour résoudre le problème indiqué par Russell avait manqué son but. Frege chercha sûrement longtemps une issue, en vain. Si l'on en croit les témoins de l'époque, il passa le reste de sa vie dans la maladie et la dépression. Carnap, qui assista à des cours donnés par Frege en 1910 et 1914 (il était parfois son seul auditeur avec un commandant à la retraite) décrit ainsi l'état d'esprit de Frege à cette époque:

"Son œuvre était pratiquement inconnue en Allemagne, ni les mathématiciens ni les philosophes ne lui prêtaient la moindre attention. Frege était visiblement très déçu et parfois aigri par ce silence. [...] Frege paraissait son âge. Il était de petite taille, assez timide et très introverti. Il regardait à peine ses auditeurs. On ne voyait habituellement que son dos lorsqu'il écrivait au tableau et expliquait les diagrammes étranges de son symbolisme. Jamais, ni pendant les exercices ni après, un

---

[16] Lettre de Bertrand Russell à Jean Van Heijenoort, du 23 novembre 1962. In Heijenoort (Van), Jean, éd. (1967). *From Frege to Gödel*. Cambridge, Massachusetts, p. 127.

étudiant ne posait une question ou ne faisait une remarque. La possibilité d'une discussion paraissait complètement impensable."[17]

Durant ces années, Frege perdit tout espoir de sauver son projet logiciste: "J'ai dû abandonner l'idée que l'arithmétique est une branche de la logique."[18] Après son départ à la retraite en 1918, ce septuagénaire entreprit une nouvelle fois de donner une présentation d'ensemble des parties de sa philosophie de la logique laissées intactes par l'antinomie de Russell. Il s'agissait pour lui de "récolter ce [qu'il avait semé] tout au long de [sa] vie afin que ce ne soit pas perdu."[19] Les articles auxquels donnèrent lieu cette entreprise parurent respectivement en 1918 et 1919 pour "La Pensée" et "La Négation", en 1923 pour "La Structure des pensées".

Nous en savons encore bien moins sur la personnalité et le caractère de Frege que sur sa vie. Wittgenstein raconte que Frege ne parlait jamais avec lui d'autres choses que de mathématiques et de logique. Dès qu'il essayait de faire dévier la conversation sur un autre sujet, Frege faisait une remarque amicale puis embrayait à nouveau sur la logique. Plus d'un aujourd'hui souhaiterait que l'on en reste là. Tant que l'on ne connaissait rien des engagements politiques de Frege, on pouvait presque le trouver sympathique. Mais les notes de son journal de l'année 1924, publiées en 1994, dissipent toute illusion à cet égard. Frege y confesse des idées politiques d'extrême-droite, idées qui à vrai dire étaient répandues parmi les professeurs d'université allemands de la République de Weimar.

Il se décrit comme un ancien libéral[20] qui, sous le coup de la défaite de la guerre de 1914-1918, des conditions de paix infamantes du traité de Versailles et de l'abdication de l'empereur, est devenu un antidémocrate à la fois nationaliste et antisocialiste, doublé d'un antisémite. Un ancien collègue de Iena, le mathématicien R. Haussner, décrit ainsi les convictions politiques de Frege à la fin de sa vie: "Tout comme moi, il était monarchiste et avait vraiment en haine les socio-démocrates et la démocratie d'alors auxquels nous ne devions qu'une seule chose: la fin malheureuse de la guerre et la paix honteuse de Versailles."[21] Frege parle effectivement de la social-démocratie comme d'une "maladie

---

[17] Carnap, Rudolf (1993). *Mein Weg in die Philosophie*. Stuttgart, p. 7.
[18] *Écrits Posthumes*, p. 329.
[19] *Correspondance Scientifique*. In Gabriel 1976: p. 45.
[20] *Journal Politique de Gottlob Frege*. In Gabriel et Kienzler (1994): p. 1080.
[21] *Ibid.*, p. 1057.

dangereuse" qui a affaibli l'Allemagne au point que certains ont eu l'audace "de l'attaquer par derrière"[22]. Il considère la République de Weimar comme n'ayant tout simplement rien d'allemand et soumise à des pressions extérieures: "l'expérience n'a-t-elle pas montré, et ne s'avère-t-il pas toujours de plus belle, combien le parlementarisme qui nous vient de l'ouest est fondamentalement impropre. Il n'y a rien là de proprement allemand, rien qui ait grandi sur le sol allemand."[23] Mais, continue Frege, le socialisme et la démocratie ne sont pas les seuls responsables de la misère dans laquelle croupit "la pauvre patrie": "En réalité, c'est seulement dans les dernières années que j'ai appris à si bien comprendre l'antisémitisme."[24] Peu de temps auparavant, Frege écrivait: "On peut reconnaître qu'il y a des Juifs tout à fait respectables en Allemagne et trouver malgré tout malheureux qu'il y ait tant de Juifs en Allemagne ainsi que le fait qu'ils aient exactement les mêmes droits politiques que les citoyens de race aryenne; on en est cependant rarement venu à souhaiter que les Juifs en Allemagne perdent leurs droits politiques, ou, mieux encore, qu'ils disparaissent complètement de l'Allemagne."[25] Que Frege ait pu en arriver à de telles convictions politiques surprendra ceux qui ont appris à le connaître dans ses écrits scientifiques comme un penseur d'une très grande puissance rationnelle. Il en donne lui-même une explication qui confirme que ne se trouvent pas seulement en jeu ici des motifs rationnels. Dès lors qu'il est question de politique, un facteur émotionnel joue un rôle important dans le jugement: "un jugement correct, conforme à l'entendement, à propos de questions politiques" contiendrait également une disposition positive interne en faveur de son propre pays. Ce "préjugé" purement émotionnel serait "l'amour de la patrie": "Il ne s'agit pas ici d'un jugement au sens de la logique, ni d'un acte consistant à tenir quelque chose pour vrai. Il s'agit de la manière dont on s'engage intérieurement, en son âme et conscience, en faveur de quelque chose. L'âme seule participe ici, pas l'entendement, et l'âme parle sans avoir d'abord consulté l'entendement."[26] Quand donc il est question de politique, le jugement correct n'est jamais quelque chose de purement rationnel. Mais Frege ajoute qu'à titre de substitut autre chose pourrait servir de "racine du

---

[22] *Ibid.*, p. 1069.
[23] *Ibid.*, p. 1083.
[24] *Ibid.*, p. 1087.
[25] *Ibid.*, p. 1092.
[26] *Ibid.*, p. 1094.

discernement politique", un autre élément irrationnel et émotionnel: "À vrai dire, le discernement politique ne semble pas toujours requérir l'amour de la patrie. Il semble que, parfois, l'ambition politique puisse le remplacer. Il arrive aussi que l'amour de la patrie et l'ambition agissent de pair."[27] Frege ne vit pas davantage la manière dont l'"amour de la patrie" et l'ambition politique étaient en train de supplanter tout élément de rationalité, ni non plus où tout cela conduisait. Il mourut dans la nuit du 25 au 26 juillet 1925, à Bad Kleinen, et il fut inhumé à Wismar. Il avait 76 ans.

L'élaboration de ce livre doit beaucoup aux remarques et aux commentaires d'Ali Behboud, Christoph Fehige, Wilfried Hinsch, Wolfgang Künne, Bernd Ludwig, Ulrich Nortmann, Charles Parsons, Christian Thiel et Kai Wehmeier, qui m'ont permis d'apporter de nombreuses corrections et d'éviter plus d'une erreur. Pour d'autres indications ainsi que pour la correction des épreuves, mais aussi simplement pour leurs encouragements et le témoignage de leur amitié, je voudrais en outre remercier Frank Esken, Dietfried Gerhardus, Richard Heck, Dieter Janssen, Henning Kniesche, Kuno Lorenz et Helge Rückert. Je remercie tout particulièrement Rotraud Hansberger qui a plusieurs fois relu le manuscrit et qui a suggéré des corrections innombrables. Mais le plus grand soutien et l'aide la plus constante sont venues, comme toujours, de Alenoosh Stepanians.

Je dédie ce livre à la mémoire de mes grands-parents.

---

[27] *Ibid.*, p. 1094.

Chapitre 2. Le projet de Frege: la question de la source de connaissance de l'arithmétique

§1 "Pas un modèle de clarté logique"

Au commencement des recherches de Frege il y a une insatisfaction profonde à l'égard de la forme théorique des mathématiques de son époque. Il cite son ancien professeur à Iena, Karl Snell (1806-1886): "En mathématiques tout doit être aussi clair que $2 \times 2 = 4$. Dès que quoi que ce soit de mystérieux apparaît, c'est là le signe que tout n'est pas en ordre."[28] Or, de fait, presque rien n'est en ordre aux yeux de Frege. Du moins est-ce à tort que les mathématiques, telles qu'elles se présentent alors, jouissent de la réputation de science exacte par excellence: "Les mathématiques devraient à proprement parler être un modèle de clarté logique. En réalité, on ne trouvera dans les écrits d'aucune science des expressions plus boiteuses, et donc des pensées plus boiteuses, que dans les écrits mathématiques."[29] Les "expressions boiteuses" ne sont pour Frege que le symptôme manifeste d'obscurités conceptuelles non reconnues dans les têtes des mathématiciens, et il considère que les « pensées boiteuses » qui en résultent risquent d'entraver le progrès des mathématiques. Aussi l'une des tâches principales des mathématiciens de son époque est-elle, selon lui, de procurer enfin aux concepts fondamentaux des mathématiques le maximum de transparence et de clarté logiques dont ils sont susceptibles compte tenu de l'essence des mathématiques.

Le leitmotiv de Frege est pourtant de nature philosophique. Il considère que son ancien professeur a même encore sous-estimé la gravité de la situation. Ce serait certainement déjà un grand progrès si en mathématiques tout était aussi clair que "$2 \times 2 = 4$". Mais dans quelle mesure "$2 \times 2 = 4$" est-il clair? On ne trouvera personne pour mettre sérieusement en doute la vérité de cette phrase. Toutefois, la certitude que cette phrase est vraie contraste nettement avec l'obscurité de ce sur

---

[28] *Écrits Posthumes*, p. 331.
[29] "Qu'est-ce qu'une Fonction ?". In Imbert 1994: p. 169.

quoi porte cette vérité et qui soutient cette certitude. Que dit-on en disant "2 × 2 = 4"? Une réponse vient naturellement: "La phrase porte sur une propriété du nombre 2: multiplié par lui-même il donne 4." Mais alors surgit le problème proprement dit: qu'est-ce que le nombre 2 en cause ici? De façon plus générale: que sont les nombres de l'arithmétique? Et comment parvenons-nous au savoir que nous avons d'eux et de leurs propriétés? Frege considère comme tout simplement scandaleuse l'incapacité des mathématiciens et des philosophes à donner une réponse satisfaisante à ces questions. Apporter une réponse à ces questions qui soit à la fois détaillée et définitive, telle fut la tâche de sa vie.

§2 L'ordre par l'axiomatisation: la proposition de Dedekind

Pour Frege, l'état non systématique de l'arithmétique contraste nettement avec l'aspect qu'offre la géométrie (euclidienne), laquelle s'approche beaucoup plus près de l'idéal d'une science exacte et démonstrative. Dès 300 av. J.-C., en se conformant aux prescriptions épistémologiques formulées par Aristote dans ses *Seconds Analytiques,* Euclide, dans ses *Éléments*, élève la géométrie à la forme d'un système axiomatique. Afin d'y parvenir, il commence par isoler un nombre restreint de concepts géométriques fondamentaux dont l'analyse ne peut pas être poussée davantage et qui pour cette raison sont tenus pour simples. Ces concepts simples permettent alors à Euclide de formuler un petit nombre de lois fondamentales générales ("axiomes") dont il tient la vérité pour évidente et ne réclamant par conséquent aucune fondation supplémentaire. En complément, Euclide ajoute un nombre fini de règles permettant de dériver d'autres énoncés géométriques ("théorèmes") à partir des lois fondamentales. Il en résulte une théorie dont l'architecture est claire pour la pensée: tout d'abord la base fondamentale qui se présente sous la forme d'un nombre restreint d'axiomes immédiatement évidents; ensuite, s'édifiant dessus, l'ensemble (normalement) infini des théorèmes que des règles de dérivation univoques permettent de dériver à partir de cette base axiomatique. À l'inverse, il est possible de fonder complètement la vérité d'un théorème à partir de la base axiomatique finie.

Les avantages d'une présentation axiomatique résident avant tout dans la réduction de tous les théorèmes à un noyau axiomatique restreint, lequel contient aussi bien les lois fondamentales que les éléments conceptuels fondamentaux de toute la théorie. En outre, la dérivation progressive des théorèmes permet d'expliciter les relations logiques de dépendance entre les différentes vérités de sorte que la détermination des prémisses qui soutiennent un jugement ne pose plus aucun problème. Frege décrit ainsi les avantages d'une présentation axiomatique:

"Il est aisé de dériver les jugements [...] plus composés à partir de jugements plus simples, non pas pour les rendre plus certains, ce qui la plupart du temps serait inutile, mais pour faire apparaître les relations des jugements entre eux. Ce n'est manifestement pas la même chose de connaître purement et simplement les lois et de savoir en outre comment les unes sont déjà données par d'autres. De cette manière on parvient à un petit nombre de lois dans lesquelles, si l'on ajoute celles qui sont contenues dans les règles, le contenu de toutes, bien que non développé, est inclus. Et c'est aussi un avantage du mode de présentation par dérivation qu'il enseigne à connaître ce noyau. Dans la mesure où il est impossible d'énumérer le nombre incalculable de lois qui peuvent être établies, la complétude ne peut pas être atteinte autrement que par la recherche de celles qui les comprennent toutes *en puissance*."[30]

Pendant plus de deux mille ans les *Éléments* d'Euclide sont restés le modèle inégalé de la forme théorique des sciences, de même que la démonstration *more geometrico* qu'ils illustrent est demeurée l'idéal incontesté de l'argumentation rigoureuse. On ne peut donc qu'être surpris par le fait qu'il ait fallu attendre le dix-neuvième siècle pour que s'engagent des tentatives sérieuses visant à établir sur une base axiomatique inspirée du modèle euclidien cette autre discipline fondamentale des mathématiques qu'est l'arithmétique. La théorie des nombres naturels en constitue le cœur. Il s'agit donc de trouver un nombre restreint de lois générales qui rendent compte de toutes les propriétés essentielles des nombres naturels 0, 1, 2, 3, ... et qui, comme le dit Frege, incluent "en puissance" toutes les autres lois de l'arithmétique – mais aussi l'ensemble infini des formules numériques qui traitent de nombres déterminés, comme par exemple $2 \times 2 = 4$[31].

---

[30] *Conceptographie*, p. 40.
[31] Il est vrai que personne ne se doutait encore, au dix-neuvième siècle, de l'impossibilité d'une axiomatisation complète de l'arithmétique au sens d'une reconduction de *toutes* les vérités arithmétiques à un ensemble restreint de lois

À peu près à la même époque, et indépendamment de Frege, le mathématicien Richard Dedekind (1831-1916) réfléchissait lui aussi à ces questions. Il publie ses résultats en 1888 sous le titre suivant: *Que sont et à quoi servent les nombres?*[32] Deux ans plus tard, dans une lettre adressée à un collègue de Hambourg[33], il propose cinq lois fondamentales au titre de base axiomatique de l'arithmétique: 1) Le 0 est un nombre naturel. 2) Le successeur de tout nombre naturel est un nombre naturel. 3) Le 0 n'est pas le successeur d'un nombre naturel. 4) Si le nombre c est le successeur de a et de b alors $a = b$. 5) Si le 0 a une propriété et si le successeur de tout nombre naturel pourvu de cette propriété a lui aussi cette propriété, alors tous les nombres naturels ont cette propriété.

Un autre chercheur lui aussi en quête des fondements de l'arithmétique, Giuseppe Peano (1858-1932), parvient un peu plus tard au même résultat, mais sans doute en ayant connaissance d'une partie les travaux de Dedekind. On désigne la plupart du temps ces lois par le nom d'"axiomes de Peano", mais de plus en plus aussi (ce qui est plus exact d'un point de vue historique), par celui d'"axiomes de Dedekind-Peano". Grâce au travail de Dedekind, la question de savoir comment nous parvenons à la connaissance des vérités arithmétiques se ramène à la question de notre mode de connaissance de ces cinq principes. C'est un grand progrès. Frege ne sait rien de la proposition de Dedekind et il formule pour son projet sa propre liste, laquelle équivaut à celle de Dedekind[34]. Reste que, pour Frege, une telle réduction à un petit nombre

---

fondamentales élémentaires. Ce résultat ne fut démontré qu'en 1931 par Kurt Gödel (1906-1978). Mais une telle impossibilité n'exclut pas la possibilité de reconduire au moins les lois les plus simples et les plus fondamentales de l'arithmétique à un nombre restreint d'axiomes.

[32] *Was sind und was sollen die Zahlen?* On en trouvera une traduction dans *Richard Dedekind. Traités sur la Théorie des Nombres*, trad. par Claude Duverney. (2006). Genève. (*N.d.T.*)

[33] Lettre de Richard Dedekind au Docteur Keferstein, du 27 février 1890. Cette lettre est restée inédite jusqu'à aujourd'hui, mais elle est citée en anglais de façon détaillée dans Wang, Hao (1957). "The Axiomatization of Arithmetic". In *Journal of Symbolic Logic*, 22, 1957, p. 150 et suivantes.

[34] Voir Heck, Richard (1997). "The Development of Arithmetic in Frege's *Grundgesetze der Arithmetik*". In Demopoulos, William, éd. (1997) *Frege's Philosophy of Mathematics*. Cambridge, Massachusetts, p. 284. Frege connaissait l'ouvrage de Dedekind paru en 1888, *Que sont et à quoi servent les nombres?* Il le loue comme "ce qui [lui] est parvenu de plus profond ces derniers temps touchant la fondation de l'arithmétique." (*Les Lois Fondamentales de l'Arithmétique*, tome I, p. vii). Reste que les axiomes de Dedekind-Peano ne sont pas expressément nommés dans cet écrit. De plus,

de principes (que ce soient ceux de Dedekind ou les siens), ne clôt pas mais au mieux inaugure l'entreprise d'explication proprement dite. En considérant les lois fondamentales de Dedekind-Peano, lesquelles sont aujourd'hui mieux connues que celles de Frege, il est très facile d'expliquer la raison pour laquelle Frege ne s'en satisfait pas. Tout d'abord, Frege considère que ces lois ne sont pas vraiment des axiomes au sens propre, aristotélo-euclidien, du terme, c'est-à-dire des "lois originaires" qui sont vraies sans pouvoir recevoir de preuve, sans non plus en avoir besoin[35]. Frege est convaincu que ces lois non seulement *peuvent* être prouvées, mais qu'elles *doivent* l'être, dans la mesure où leur vérité n'est pas évidente. Ensuite, il considère que les analyses conceptuelles qui s'y trouvent effectuées ne suffisent pas pour déterminer le statut de l'arithmétique du point de vue de la théorie de la connaissance. Elles ne permettent pas encore de répondre à la question philosophique concernant la source de connaissance des vérités arithmétiques. Une explication satisfaisante doit en outre décomposer en leurs éléments conceptuels ultimes les concepts de *zéro*, de *nombre naturel* et de *successeur* dont Dedekind n'a pas poursuivi l'explication. L'idéal de Frege exige que dans une science exacte tout ce qui peut être prouvé le soit et que l'analyse de tous les concepts soit complète. C'est seulement alors que nous sommes en mesure de répondre aux questions philosophiques déjà mentionnées qui constituent le leitmotiv des recherches de Frege: Que sont les nombres? Comment savons-nous quelque chose d'eux et de leurs propriétés?

---

dès 1882, Frege fait état d'un "livre presque achevé" (*Correspondance Scientifique*. In Gabriel 1976: p. 163) dans lequel il faudrait reconnaître une première version de ses *Lois Fondamentales de l'Arithmétique* dont le premier tome, il est vrai, ne paraît qu'en 1893. On peut donc en conclure, avec une certaine assurance, que c'est au plus tard en 1882 que Frege a formulé sa propre liste de lois fondamentales de l'arithmétique – indépendamment de Dedekind.

[35] Afin d'éviter des confusions terminologiques, je parlerai toujours dorénavant des "lois fondamentales de Dedekind-Peano". J'utilise "axiome" dans un sens aristotélo-euclidien, qui est également déterminant pour Frege: il s'agit d'une loi générale dont la vérité est évidente et qui, pour cette raison, n'a besoin d'aucune preuve.

§3 La base axiomatique: la remontée des chaînes de conclusions

C'est dans le cours de sa réponse à la seconde question, de nature épistémique, concernant la source de connaissance des vérités arithmétiques que Frege répond à la question de l'essence du concept de nombre. Pour ce faire, nous devons aller au-delà des lois fondamentales de Dedekind-Peano et découvrir les axiomes de l'arithmétique, c'est-à-dire ces vérités originaires qui portent à bon droit ce nom dans la mesure où elles constituent les fondements simples de cette science qui ne peuvent pas eux-mêmes recevoir de preuve. Avec ces axiomes nous disposerions *in nuce* de tous les éléments conceptuels à partir desquels se construisent jusqu'aux lois et aux concepts arithmétiques les plus complexes qui se peuvent développer à partir d'eux.

Comment trouver ce noyau axiomatique? Qui prétend avoir une connaissance devrait pouvoir fonder son jugement (dans la mesure où celui-ci n'est pas évident par soi). Frege distingue deux sortes de raisons susceptibles de fonder un jugement: celles qui justifient la reconnaissance de la vérité en question d'une part, celles qui nous déterminent purement et simplement à juger sans contenir aucune justification d'autre part. Ces dernières peuvent bien expliquer comment l'on en est venu à tenir quelque chose pour vrai. Elles ne contribuent cependant en rien à éclaircir la question de savoir si cela est vrai. En règle générale, l'exigence de fondation ne naît pas d'un intérêt pour la genèse historico-biographique de l'acte de juger, elle vise bien plutôt la justification impersonnelle et anhistorique de la prétention de vérité que cet acte revendique. Mais, comme Frege le souligne, cette justification "est en rapport avec l'essence interne de la phrase considérée"[36]. Ces raisons justifiantes doivent à nouveau être divisées en deux sous-espèces: celles qui sont des vérités et celles qui n'en sont pas elles-mêmes. Frege appelle "conclusion" toute fondation d'un jugement qui en appelle à une ou plusieurs vérités déjà reconnues. Conclure ne peut pourtant pas être la seule forme de justification: "les raisons […] qui justifient la reconnaissance d'une vérité résident souvent dans d'autres vérités déjà reconnues. Mais si tant est que des vérités soient connues de nous, il ne peut s'agir de la seule sorte de justification. Il doit y avoir des jugements dont la justification repose sur quelque chose d'autre. […] Juger en étant

---
[36] *Conceptographie*, p.5.

soi-même conscient d'autres vérités valant comme justifications, cela s'appelle *conclure*."³⁷ Retenons tout d'abord que pour Frege, eu égard à leurs justifications respectives, il faut faire une distinction entre deux types de vérités: les vérités dont la reconnaissance peut être justifiée par des conclusions et celles "dont la justification repose sur quelque chose d'autre". On comprend sans peine qu'il faille parler dans le premier cas de justifications déductives, dans le second, de justifications non déductives. Les justifications déductives ont cet avantage que le jugement à justifier *doit nécessairement* être vrai aussi longtemps que sont vrais les jugements invoqués à titre de prémisses. Leur inconvénient est que le jugement en cause n'est jamais justifié que relativement à la vérité de ces mêmes prémisses. Une justification absolue exige en outre que l'on fonde les jugements qui servent de prémisses, et à leur tour les prémisses de ces jugements, etc., jusqu'à ce que nous en arrivions finalement aux vérités qui ne peuvent plus être justifiées par l'invocation d'autres vérités. L'ensemble de toutes les chaînes de conclusions que nous obtenons en remontant ainsi constitue la preuve de la vérité qu'il s'agissait initialement de justifier³⁸.

§4 Trois sources de connaissance

C'est seulement après avoir découvert la base axiomatique que l'"on peut espérer se mettre avec succès à la recherche des sources de connaissance à laquelle puise cette science."³⁹ Frege emprunte l'expression "source de connaissance" à Emmanuel Kant (1724-1804). Il entend par là ce "par quoi la reconnaissance de la vérité, le jugement, est justifié."⁴⁰ Il s'agit de la caractérisation générale de la meilleure source de justification possible de ces vérités originaires qui constituent les maillons ultimes d'une chaîne de justifications déductives. Dans ce cas, comme nous l'avons vu, il doit nécessairement s'agir des vérités "dont la justification repose sur quelque chose d'autre." Il y a deux types catégorialement distincts de vérités qui ne peuvent pas elles-mêmes recevoir de preuve: les lois générales évidentes (ou, comme Frege le dit

---

[37] *Écrits Posthumes*, p. 11.
[38] Voir *Écrits Posthumes*, pp. 242-243.
[39] "Über die Begriffsschrift des Herrn Peano und meine eigene" ["La Conceptographie de Monsieur Peano et la Mienne"]. In Agelelli 1967: p. 362.
[40] *Écrits Posthumes*, p. 315.

aussi, "compréhensibles par elles-mêmes", "immédiatement évidentes"), "qui elles-mêmes ne peuvent pas recevoir de preuve et n'en ont pas non plus besoin", et les "faits", c'est-à-dire "les vérités qui, sans généralité et ne pouvant être prouvées, contiennent des énoncés à propos d'objets déterminés."[41] Les premières sont des axiomes au sens propre, les secondes, au sens strict, ne méritent pas ce nom dans la mesure où leur font défaut aussi bien le caractère d'évidence que la généralité caractéristique des lois. Conformément à la manière largement aristotélo-euclidienne dont Frege entend ce terme, les axiomes sont des vérités typiquement exprimées par des phrases universelles ("Tous les F sont G", "Chacun est F", "Si quelque chose est un F alors il est un G") avec lesquelles il n'est pas question d'objets mais de concepts. En revanche, les faits sont "des vérités qui, *sans généralité* et ne pouvant être prouvées, contiennent des énoncés à propos d'*objets* déterminés." Ce sont donc des vérités de la forme "a est F" ou "$a\,R\,b$", avec lesquelles, outre un concept F ou une relation R, il est aussi question d'objets. Ces deux espèces distinctes de vérités non susceptibles de recevoir une preuve forment, selon Frege, le fond ultime de tout notre savoir.

Mais sur quoi se fonde la connaissance que nous avons de ces vérités originaires qui constituent les maillons ultimes d'une chaîne de justifications déductives? S'agissant des "faits de l'expérience", dit Frege, ce qui justifie de les reconnaître comme vrais est à chercher dans la perception sensible. En ce qui concerne les lois générales évidentes, la question de leur source de connaissance pourrait sembler incongrue dans la mesure où leur vérité est immédiatement évidente à quiconque les saisit. N'est-ce pas dire qu'elles n'ont aucunement besoin d'une justification au sens d'une légitimation externe supplémentaire? S'agissant du moins des vérités évidentes, il ne faudrait pas comprendre la question de leur source de connaissance ultime comme l'expression d'un souhait, celui de procurer au jugement une légitimation supplémentaire, mais comme une question portant sur la nature de sa force de persuasion. Frege insiste sur ce point: le gain philosophique que procure une recherche visant à déterminer la base axiomatique d'une

---

[41] *Les Fondements de l'Arithmétique*, p. 127. Eu égard à l'usage naturel de la langue selon lequel "fait" n'est souvent qu'un autre mot pour "vérité", l'utilisation très spéciale que Frege fait de cette expression dans les *Fondements* est trompeuse. Il ne s'en est heureusement pas tenu à cette terminologie et le passage cité est le seul où Frege utilise ce mot dans un sens technique précis.

science consiste avant tout à "donner une idée de la nature de ce caractère d'évidence".[42] Quelques-unes de ces vérités générales sont évidentes parce qu'il s'agit de lois élémentaires de la logique, d'autres le sont parce qu'"elles [sont] garanties par l'intuition spatiale."[43] Les lois de la logique sont les lois les plus générales de l'actitivité de conclure, i.e. de justifier des vérités en invoquant d'autres vérités. Leur champ d'application est universel, elles valent dès lors que l'on pense. Le domaine de validité des lois de l'intuition est plus étroit. Selon Kant, ce sont les lois fondamentales les plus générales de notre conception de l'espace et du temps. Elles sont donc restreintes dans leur validité au domaine du spatio-temporel. Étant donné que, pour Frege, la géométrie est la science de l'espace, l'intuition constitue sa source de connaissance ultime: par "intuition" "j'entends la source de connaissance géométrique, c'est-à-dire la source de connaissance dont découlent les axiomes de la géométrie."[44] Pour résumer, nous pouvons dire qu'il y a trois sources de connaissance auxquelles la reconnaissance tout du moins des vérités fondamentales des mathématiques et de la physique puise sa justification ultime: "Je distingue les sources de connaissance suivantes pour les mathématiques et la physique: 1) la perception sensible, 2) la source de connaissance géométrique, 3) la source de connaissance logique."[45] Du fait que dans toutes les sciences on tire des conclusions, la source de connaissance logique se trouve partout impliquée. La preuve des lois physiques doit aussi inclure à terme des vérités dont la reconnaissance ne trouve sa justification que dans l'expérience sensible. Quant aux axiomes de la géométrie, nous savons déjà que l'appel à l'intuition leur est essentiel. Bien que Frege ne le dise pas expressément, il est naturel de considérer ces trois sources de connaissance comme des

---

[42] *Lois Fondamentales de l'Arithmétique*, t. I, p. viii.
[43] *Correspondance Scientifique*. In Gabriel 1976: p. 70. On chercherait malheureusement en vain chez Frege une explication un tant soit peu précise du terme "intuition". Il renvoie implicitement ici à Kant, lequel a de façon décisive marqué ce concept de son empreinte. "L'intuition pure" est pour Kant une source du savoir *a priori* qui s'alimente à la structure spatio-temporelle de notre perception. Michael Dummett, dans son livre *Frege and others Philosophers*, (Chapitre 7, Paragraphe 5), essaie de reconstruire la manière dont Frege comprend ce concept.
[44] *Écrits Posthumes*, p. 329.
[45] *Ibid.*, p. 330.

facultés: la faculté de la perception sensible, celle de la pensée logique et celle d'avoir des intuitions.

§5 Analytique et synthétique, *a priori* et *a posteriori*

Frege a parfaitement conscience de ne pas être le premier à essayer d'apporter une réponse à la question de savoir ce qu'est le fondement ultime de la connaissance des vérités mathématiques. C'est avec minutie qu'il discute les recherches de ses prédécesseurs dans ses *Fondements de l'Arithmétique*. Il mène cette discussion en utilisant des termes de théorie de la connaissance qui, dans leur sens habituel aujourd'hui encore, ont été introduits par Kant, mais qu'il précise dans la perspective qui est la sienne. Il s'agit des expressions "*a priori*", "*a posteriori*", "synthétique" et "analytique":

"Les distinctions de l'*a priori* et de l'*a posteriori*, du synthétique et de l'analytique, ne concernent pas à mon avis le contenu du jugement, mais la justification de son émission. [...] Quand on qualifie une phrase d'*a posteriori* ou d'analytique au sens où je l'entends, on ne juge pas des conditions psychologiques, physiologiques et physiques qui ont rendu possible la formation du contenu de la phrase dans la conscience, ni de la manière dont un autre en est venu, peut-être à tort, à le tenir pour vrai, on juge des raisons dernières qui justifient l'acte de tenir pour vrai. La question est ainsi arrachée au domaine de la psychologie pour être reversée à celui des mathématiques, pour autant qu'il s'agisse d'une vérité mathématique. Il importe alors de trouver la preuve et de la poursuivre en remontant jusqu'aux vérités premières. Si l'on ne rencontre sur ce chemin que les lois logiques générales et des définitions, on a une vérité analytique, étant entendu qu'on inclut dans ce compte les phrases qui assurent pour ainsi dire la recevabilité d'une définition. En revanche, s'il n'est pas possible de produire une preuve sans utiliser des vérités qui ne sont pas de nature logique en général, mais qui se rapportent à un domaine particulier du savoir, la vérité est synthétique. Pour qu'une vérité soit *a posteriori* il faut que sa preuve ne puisse pas aboutir sans en appeler à des faits, c'est-à-dire à des vérités sans généralité et non susceptibles d'être prouvées qui contiennent des énoncés à propos d'objets déterminés. S'il est possible au contraire de produire la preuve uniquement à partir de lois générales qui elles-mêmes ne peuvent pas recevoir de preuve et n'en ont pas non plus besoin, la vérité est *a priori*."[46]

Si la justification optimale d'une vérité repose uniquement sur les lois de la logique et les définitions conceptuelles qui sont souvent nécessaires pour une fondation plus précise, cette vérité est analytique. Dans les autres cas elle est synthétique. La pure et simple réflexion, sans autre appui que la pensée rationnelle, suffit pour reconnaître la vérité des vérités analytiques. Leur source de connaissance est donc la faculté de la pensée logique. En revanche, la pure et simple réflexion ne suffit pas pour justifier des vérités synthétiques. Celles-ci requièrent en outre l'appui de la perception sensible et/ou de l'intuition. Ces jugements doivent leur justification soit au témoignage de la perception sensible externe – ils sont alors synthétiques *a posteriori* – soit au seul témoignage de l'intuition pure. Dans ce cas ils sont synthétiques *a priori*. Nous pouvons résumer dans le diagramme suivant les distinctions en termes de théorie de la connaissance que Frege opère:

---

[46] *Les Fondements de l'Arithmétique*, pp. 127-128.

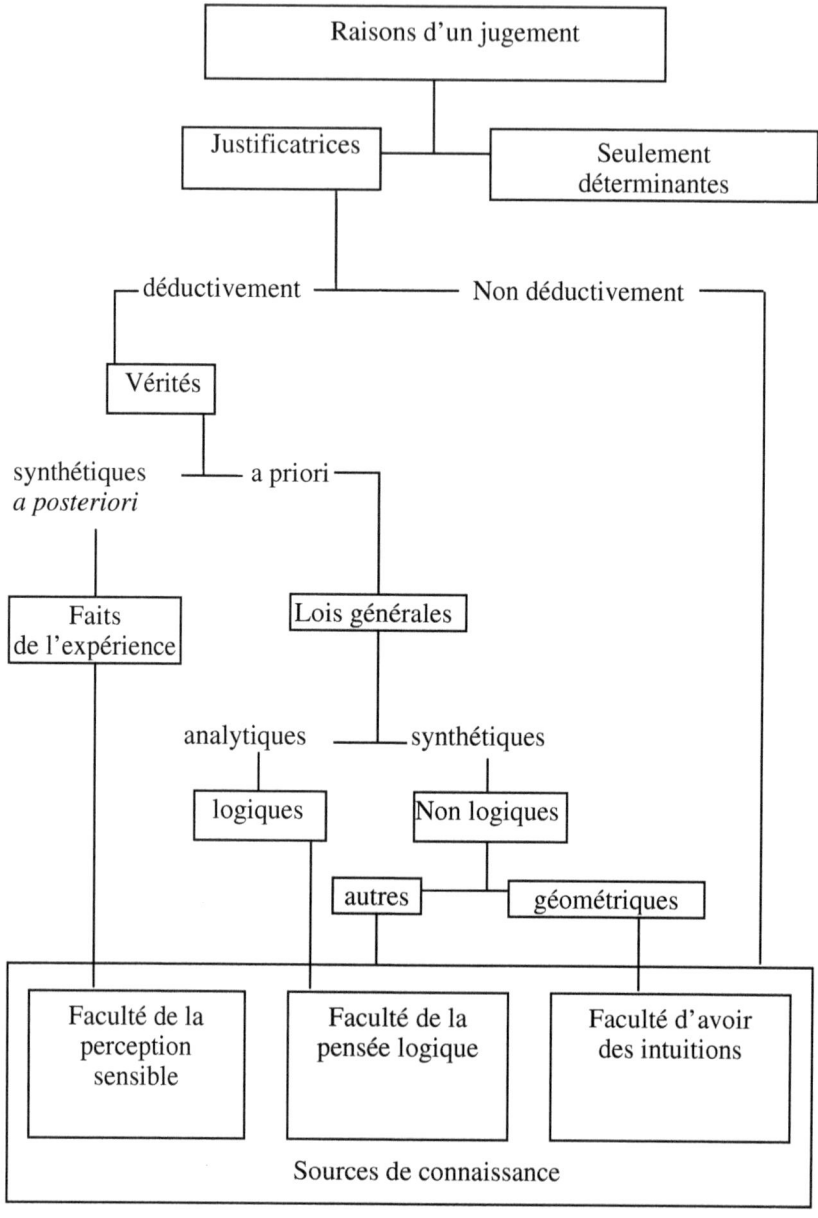

Il faut ici prêter attention au fait que la source de connaissance logique n'est pas seulement impliquée dans la justification des lois logiques ultimes et comme telles non susceptibles d'être prouvées. Elle l'est également dans toutes les formes de justification déductives. Pour Frege, la pensée logique consiste avant tout dans le fait de conclure de façon déductive. Quant à savoir quelles sources de connaissance autorisent la justification optimale des vérités justifiées de façon non déductive (cf. dans le tableau la branche sur le bord extérieur droit), ainsi que la justification ultime des vérités non logiques, non géométriques et qui ne peuvent pas recevoir de preuve (cf. la colonne "Autres"), la question reste ouverte. Nulle part dans ses écrits Frege ne donne d'indications concrètes sur ce point[47]. Étant donné que leur preuve "ne peut aboutir sans en appeler aux faits" et que les faits "ne sont pas de nature logique en général", il est nécessaire que toutes les vérités *a posteriori* soient en même temps synthétiques.

La manière dont Frege explicite ces distinctions constitue un progrès par rapport aux formulations souvent obscures de Kant. Mais elle laisse encore à désirer sur bien des points. Pour décider si une vérité est analytique ou synthétique, *a priori* ou *a posteriori*, il importe selon Frege de "trouver la preuve et de la poursuivre en remontant jusqu'aux vérités premières." Mais qu'en est-il des vérités qui ne peuvent recevoir de preuve d'aucune manière, comme par exemple les axiomes d'une théorie[48]? Elles échappent à l'explication de Frege. Cependant, compte tenu son indication générale selon laquelle toutes ces distinctions concernent les "raisons dernières qui justifient l'acte de tenir pour vrai", nous pouvons remplacer sa formulation par une autre plus générale: il s'agit de trouver la justification de la vérité non susceptible d'être prouvée et de la reconduire à sa source de connaissance propre. Les

---

[47] Frege ne donne qu'un exemple spécifique d'une telle loi: conclure en invoquant l'induction (empirique) repose " sur le principe général que ce procédé peut fonder la vérité, ou du moins la vraisemblance, d'une loi. " (*Les Fondements de l'Arithmétique*, p. 128, note).

[48] Frege ne s'exprime pas non plus sur le statut des définitions que nous pourrions rencontrer en remontant la chaîne des conclusions. Plus tard, il fera une distinction entre les définitions "constructives" et les définitions "décomposantes". Les premières sont de pures et simples abréviations et peuvent donc être éliminées. Les secondes sont des résultats d'analyses conceptuelles et, comme telles, elles "doivent en réalité être considérées comme des axiomes." (*Écrits Posthumes*, p. 250).

vérités logiques originaires s'avèrent ainsi être analytiques, les vérités géométriques originaires, synthétiques *a priori*, et les faits ultimes de l'expérience, synthétiques *a posteriori*. Le point important est que "vérités" signifie ici la même chose que "jugements vrais" et qu'il s'agit toujours de "la justification de l'émission d'un jugement". Frege exclut explicitement l'application des distinctions kantiennes aux jugements faux. Reste qu'il y a aussi pour lui un nombre incalculable de vérités entendues en un autre sens: les vérités que personne n'a encore jamais reconnues comme vraies et que peut-être même personne ne reconnaîtra jamais comme vraies. Interroger la justification d'un jugement qui n'a jamais été émis peut sembler dénué de sens. Il n'en demeure pas moins qu'en principe ces vérités peuvent elles aussi être reconnues comme vraies, dussent-elles ne jamais parvenir à l'esprit d'aucun homme. Par conséquent, pour elles aussi il y a une justification optimale du jugement dont elles sont susceptibles, même si celui-ci doit nous rester à jamais caché pour des raisons de principe.

§6 La source de connaissance logique et la langue

Lorsqu'il s'agit de classer une vérité donnée dans le cadre des distinctions kantiennes, seule importe pour Frege la justification *optimale*. En outre, il part bien évidemment du principe qu'une justification *a priori* est préférable à une justification *a posteriori*. La faculté de la pensée logique occupe le premier rang dans la hiérarchie des sources de connaissance: "La production de preuve la plus solide est manifestement celle qui est purement logique: faisant abstraction de la nature particulière des choses, elle se fonde uniquement sur les lois sur lesquelles toute connaissance repose."[49] Le critère implicite qu'utilise Frege pour établir cette hiérarchie est clairement le degré de certitude qu'une source de connaissance est en mesure de procurer. La source de connaissance occupe un rang d'autant plus inférieur dans la hiérarchie que la probabilité d'une illusion est élevée. Étant donné que les informations fournies par les sens proviennent du monde extérieur, celles-ci sont particulièrement exposées aux erreurs: "Les sens nous présentent quelque chose d'externe et, de ce fait, on conçoit plus facilement la possibilité d'erreurs que dans le cas de la source de connaissance logique qui semble être entièrement en nous et pour cette

---

[49] *Conceptographie*, p. 5.

raison mieux armée contre les impuretés."⁵⁰ La pensée logique n'est cependant pas la seule faculté qui réside "en nous", il faut également compter la faculté de l'intuition pure qui occupe ainsi le deuxième rang. Le dernier rang est occupé par l'expérience sensible à laquelle il faut le moins se fier en raison du risque permanent d'illusions sensorielles. Reste que la source de connaissance logique exige elle aussi de la prudence. Du fait de la connexion étroite de la pensée humaine avec les signes perceptibles par les sens, elle non plus n'est pas à l'abri des illusions. Frege poursuit: "Mais les apparences sont trompeuses. En effet, notre activité de penser est étroitement liée à la langue et, par là même, au monde extérieur sensible. Peut-être notre activité de pensée est-elle d'abord une activité de parler, qui devient ensuite une activité de représenter l'activité de parler. L'activité silencieuse de parler serait alors une activité de parler devenue muette et se déroulant dans la représentation. Cela étant, on peut aussi penser par signes mathématiques; pourtant, ici aussi, nous avons une liaison de l'activité de penser avec le sensible."⁵¹

La nécessité de recourir à des expressions linguistiques empruntées originairement à la perception sensible explique que nous puissions en venir à commettre des erreurs de pensée qui ont leur cause dans ces expressions. La remarque que nous venons de citer, et qui date de la dernière année de la vie de Frege, traduit une expérience personnelle amère. Comme nous le verrons encore, c'est finalement à une illusion linguistique dont il n'a pas su se garder en dépit de toutes ses précautions, qu'il attribuera l'échec de l'oeuvre de sa vie⁵². Il était parfaitement conscient de ce risque depuis le départ et, comme bien peu de philosophes avant lui, il a pris tout un éventail de mesures pour s'en prémunir. Son souhait de se protéger au maximum des suggestions trompeuses des grammaires des langues naturelles est l'un des principaux motifs qui l'ont poussé à inventer une "conceptographie". Le titre complet du livre est: *Conceptographie – Une Langue Formulaire de la Pensée Pure construite d'après celle de l'Arithmétique*. Grâce à cette "langue formulaire de la pensée pure", il espère minimiser l'influence négative qu'exerce sur la pensée le moyen d'expression (en particulier les langues naturelles). À vrai dire, comme le souligne Frege, la

---
⁵⁰ *Écrits Posthumes*, p. 317.
⁵¹ *Ibid.*, p. 317.
⁵² Voir Chapitre 6, Paragraphe 3.

conceptographie[53] ne restitue pas les pensées dans leur pureté, mais elle permet de "réduire [les écarts] à l'inévitable et à l'inoffensif"[54].

§7 La thèse logiciste: l'arithmétique est analytique

Du point de vue de Frege, les mathématiques de son époque se divisent en deux disciplines principales: la géométrie (c'est-à-dire la géométrie euclidienne) et l'arithmétique (analyse incluse). Il est convaincu que Kant a déjà donné la bonne réponse à la question de savoir sur quoi repose notre connaissance des vérités géométriques. Elle repose en dernière analyse sur l'intuition pure et elle est donc synthétique *a priori*. Contrairement à la conception des philosophes empiristes, telle celle par exemple de John Stuart Mill (1806-1873), la perception sensible ne saurait être la source de connaissance de la géométrie dans la mesure où "les objets de la géométrie, le point, la droite, le plan, etc. […] ne sont pas à proprement parler perceptibles par les sens."[55] Frege est convaincu que les axiomes de la géométrie ne peuvent pas non plus être justifiés par la pure et simple réflexion, c'est-à-dire de façon purement logique. Il ne reste donc plus que l'intuition pure comme source de connaissance. La question est donc réglée pour ce qui est de la géométrie. Kant a cependant commis une grave erreur aux yeux de Frege en généralisant cette idée et en l'étendant à l'ensemble des vérités mathématiques. Kant a bien vu que les vérités arithmétiques étaient elles aussi *a priori* dans la mesure où leurs objets, les nombres, sont tout aussi peu accessibles à la perception sensible que le sont les points et les lignes de la géométrie. Mais le jeune Frege est convaincu que ce serait une erreur de penser que les nombres peuvent nous être donnés par l'intuition: "Je ne peux même pas admettre une intuition de 100 000, encore moins celle de nombres en général […]. On invoque trop facilement l'intuition interne quand on n'est pas en mesure de proposer un autre fondement."[56] Frege considère les nombres comme des "objets logiques" qui ne nous sont donnés ni par les sens ni par

---

[53] Afin de pouvoir faire une distinction entre l'ouvrage et la langue formulaire qui répond au même nom, et que l'on trouve dans cet ouvrage présentée pour la première fois, j'utilise "*Conceptographie*" pour désigner ledit ouvrage, et "conceptographie" pour désigner la langue formulaire.
[54] *Conceptographie*, p.8.
[55] *Écrits Posthumes*, p. 314.
[56] *Les Fondements de l'Arithmétique*, p. 140.

l'intuition, mais seulement par la raison. La géométrie et l'arithmétique sont donc fondamentalement différentes l'une de l'autre: "Il existe […] une différence remarquable entre la géométrie et l'arithmétique dans la manière dont elles fondent leurs principes. Les éléments de toutes les constructions géométriques sont des intuitions, et la géométrie renvoie aux intuitions comme à la source de ses axiomes. Étant donné que l'objet de l'arithmétique n'emprunte rien à l'intuition, ses principes ne peuvent pas non plus provenir de l'intuition."[57] Toutefois, si les lois fondamentales de l'arithmétique ne doivent leur autorité ni à l'intuition pure ni à la perception sensible, il ne reste plus que la faculté de la pensée logique comme source de connaissance – conformément à la division de Frege présentée ci-dessus au Paragraphe 4. Il doit donc être possible de fonder *de façon purement logique* toutes les vérités arithmétiques, des formules numériques simples telles que "2 x 2 = 4" aux théorèmes les plus complexes de l'analyse. Si cela était vrai alors le noyau axiomatique ultime de l'arithmétique, lequel contient "en puissance" toutes les lois fondamentales de l'arithmétique, ne serait constitué que de lois logiques et les premières ne pourraient être dérivées des secondes que par des modes de conclusion logiques. Plus précisément, les présomptions de Frege peuvent s'énoncer de la façon suivante. Premièrement, les vérités de l'arithmétique peuvent être prouvées sur la base d'axiomes exclusivement logiques ainsi que par des modes de conclusion purement logiques. Deuxièmement, pour tous les concepts arithmétiques il est possible de donner des définitions ne faisant usage que de concepts logiques. La position que ces thèses caractérisent, mais souvent aussi sa généralisation à toutes les vérités mathématiques, est connue aujourd'hui sous le nom de "logicisme". Pour reprendre les propres mots de Frege, cette thèse affirme que "l'arithmétique est une branche de la logique et [qu'] elle n'a besoin d'emprunter ni à l'expérience ni à l'intuition le moindre fondement de preuve."[58] Les vérités de l'arithmétique ne sont pas synthétiques, comme Kant le croyait, elles sont analytiques.

---

[57] "Rechnungsmethoden, die sich auf eine Erweiterung des Grössenbegriffes gründen" ["Méthodes de Calcul Fondées sur une Extension du Concept des Grandeurs"]. In Angelelli 1967: 1.
[58] *Lois Fondamentales de l'Arithmétique*, t. I, p.1.

En elle-même la thèse logiciste n'était pas nouvelle. Gottfried Wilhelm Leibniz (1646-1716) l'avait défendue et parmi les contemporains de Frege Dedekind était l'un de ses défenseurs les plus éminents. Mais la tentative minutieuse de Frege a ceci de nouveau qu'elle élimine définitivement tout doute rationnel quant à la possibilité pour les lois fondamentales de l'arithmétiques de recevoir une preuve à partir d'axiomes et de définitions logiques, cela dans la mesure où Frege produit de fait les preuves correspondantes. Eu égard aux lois fondamentales de Dedekind-Peano, la tâche de Frege peut être décrite de la façon suivante: il s'agit de trouver leur preuve et de ramener celle-ci aux vérités premières qui ne peuvent pas elles-mêmes recevoir de preuve. En de nombreux endroits une fondation plus profonde exigera que l'on procède à des analyses logiques, i.e. à des définitions "décomposantes"[59] des concepts qui interviennent dans un théorème. Dans le cas des lois fondamentales de Dedekind-Peano, ce sont avant tout les concepts de *zéro*, de *nombre naturel* et de *successeur* qui réclament une telle analyse. Tous doivent "être reconduits à ce qui est reconnu comme logique"[60].

§8 La logique entendue comme la science la plus générale

Cette dernière remarque fait apparaître une difficulté générale qui est réellement devenu un problème pour le projet de Frege: en quoi consiste "ce qui est reconnu comme logique"? Il s'agit de "séparer purement le synthétique qui repose sur l'intuition et l'analytique [qui repose sur la logique]."[61] Mais à quoi reconnaissons-nous que nous avons affaire à une loi fondamentale de la logique et non pas de l'intuition? Il faut bien voir tout d'abord qu'au dix-neuvième siècle une discipline scientifique répondant au nom de "logique", au sens d'une science clairement définie et autonome, est davantage un programme qu'une réalité. À maints égards, Frege doit commencer par créer le fondement logique sur lequel il entend construire l'arithmétique. Après tout, cela fait à peine un siècle que Kant a dit que la logique "depuis Aristote [...] jusqu'à nos jours n'[a] pu faire aucun pas en avant et qu'elle semble donc, selon toute apparence, être close et achevée."[62] Aux yeux de Kant, la logique se

---

[59] Voir Chapitre 8, Paragraphe 3.
[60] *Lois Fondamentales de l'Arithmétique*, t. I, p. 8.
[61] *Les Fondements de l'Arithmétique*, p. 214.
[62] *Critique de la Raison Pure*, trad. par Alain Renaut (2001). Paris: Flammarion, p. 73.

confond pour l'essentiel avec la syllogistique aristotélicienne. Sa thèse du caractère non-logique des mathématiques devient tout a fait plausible avec un tel arrière-plan. Il semble en effet peu vraisemblable que les modes de conclusion complexes des mathématiciens puissent être entièrement reconduits aux formes syllogistiques. L'affirmation contraire de Leibniz repose sur l'idée qu'il y a un grand nombre de formes de conclusion qui échappent à la syllogistique aristotélicienne. Mais cette découverte n'a pas dépassé chez lui le stade purement programmatique. En tout cas elle n'a eu aucune incidence historique dans la mesure où Leibniz n'a pas publié ses travaux visant l'élaboration d'une théorie plus étendue de la logique. Il faut attendre le dix-neuvième siècle pour voir s'engager des discussions intenses sur la forme et la finalité de la logique. Des progrès importants sont accomplis grâce aux travaux de Bernard Bolzano (1781-1848), George Boole (1815-1864), Charles S. Peirce (1839-1914) et Ernst Schröder (1841-1902). Mais c'est Frege qui effectue la percée décisive avec la publication de sa *Conceptographie* qui ouvre une ère nouvelle de la logique.

Frege n'a pas du tout commencé par essayer de donner une caractérisation générale de "ce qui est reconnu comme logique" en indiquant des conditions nécessaires et suffisantes. Comme nous le verrons dans le prochain chapitre, il développe à la place un système de lois et de règles de conclusion dont le caractère purement logique est selon lui incontestable, et à partir desquelles toutes les preuves doivent être produites. On ne trouve que rarement dans ses écrits des réflexions explicites quant à l'essence de la logique. Une caractéristique nécessaire mais non suffisante de ce qui est logique, que l'on trouve continuellement mentionnée dans les discussions informelles qu'il a pu avoir, est la *généralité* indépassable des concepts et des lois logiques. La "production purement logique de la preuve" se distingue en ce que, "abstraction faite de la nature particulière des choses, elle se fonde seulement sur les lois sur lesquelles toute connaissance repose."[63] Les lois logiques sont "[des] lois de la pensée qui s'élèvent au-dessus de toutes les particularités"[64]. Comment faut-il comprendre ces déclarations? Les critères ultimes d'une pensée conforme à la vérité sont pour Frege les vérités elles-mêmes. Nous pouvons les concevoir comme

---

[63] *Conceptographie*, p.5.
[64] *Ibid.*, p.6.

des prescriptions qui dictent la manière dont on doit penser pour penser correctement, c'est-à-dire conformément à la vérité: "Toute loi qui affirme ce qui est peut être conçue comme prescrivant que l'on pense en accord avec elle, et elle est donc en ce sens une loi de la pensée. Cela vaut tout autant pour les lois géométriques et physiques que pour les lois logiques."[65] Même la loi de la gravitation ou le théorème de Pythagore sont des exemples de "lois qui affirment ce qui est le cas", elles sont "les lois de l'être-vrai", respectivement de la physique et de la géométrie. Il en résulte des prescriptions pour la pensée conforme à la vérité: celui qui émet des jugements qui ne se concilient pas avec elles commet une erreur. En ce sens, toutes les sciences, et pas seulement la logique, formulent des lois de l'être-vrai et, par là même aussi, des lois de la pensée. Mais alors que dans les autres sciences il ne s'agit jamais que de déterminer la manière dont on doit penser dans un domaine déterminé (en physique, en géométrie, en chimie, en biologie, etc.) si le but qu'on se fixe est la vérité, la logique formule quant à elle des lois de l'être-vrai dont résultent des prescriptions de la pensée qui s'appliquent de façon universelle. Elles valent partout où l'on pense. Aussi Frege les appelle-t-il "les lois *les plus générales* de l'être-vrai":

"Comment dois-je penser pour atteindre le but, la vérité? La réponse à cette question, nous l'attendons de la logique, mais nous n'exigeons pas d'elle qu'elle entre dans le détail de chaque domaine de connaissance ni des objets qui leur correspondent; au contraire, nous n'assignons comme tâche à la logique que le plus général, ce qui vaut pour tous les domaines de notre activité de penser. Nous devons fermement penser les règles de notre activité de penser et celles de l'activité de tenir pour vrai à partir des lois de l'être-vrai. Celles-là sont données avec celles-ci. Nous pouvons donc dire aussi: la logique est la science des lois les plus générales de l'être-vrai."[66]

Soit un exemple de loi générale de l'être-vrai: "Si (si p alors q) est vrai, et si en outre il est vrai que p, alors il est également vrai que q." Or de cette loi résultent des lois en un autre sens, un sens *normatif*: "On emploie le mot 'loi' en deux sens. Si nous parlons de lois morales ou de lois politiques, nous pensons à des prescriptions auxquelles les

---

[65] *Lois Fondamentales de l'Arithmétique*, t. I, p. xv.
[66] *Écrits Posthumes*, pp. 151-152.

événements ne s'accordent pas toujours. Les lois de la nature sont ce qu'il y a de général dans les événements naturels, ces derniers lui sont toujours conformes. C'est plutôt en ce sens que je parle de lois de l'être-vrai. À vrai dire, il ne s'agit pas ici d'un événement mais d'un être. Or des lois de l'être-vrai résultent des prescriptions pour les activités de tenir pour vrai, de penser, de juger, de conclure".[67] La différence entre la logique et les autres sciences réside dans la généralité indépassable de son domaine d'objets. Comparées aux lois physiques, biologiques et géométriques, les lois logiques ne méritent "à bon droit le nom de 'lois de la pensée' que si par là on veut dire qu'elles sont les lois les plus générales qui prescrivent comment penser partout où l'on pense."[68] C'est une manière pour Frege de dire que les vérités logiques sont toujours applicables, quel que soit ce dont nous parlons et ce que signifient les expressions non logiques que nous utilisons.

---

[67] "La Pensée". In Imbert 1994: p. 170.
[68] *Lois Fondamentales de l'Arithmétique*, t. I, p. xv.

Chapitre 3. De la nécessité d'une conceptographie

§1 L'exemple de l'induction complète

Admettons que nous disposions enfin d'une liste de vérités logiques fondamentales que nous pensons suffisante pour constituer la base axiomatique de l'arithmétique. Comment pouvons-nous nous assurer que les lois fondamentales de l'arithmétique ont effectivement été reconduites à ce qui est purement logique? En produisant la preuve sans lacune de ces lois à l'aide des axiomes de notre liste: "si l'on veut vérifier qu'un relevé d'axiomes est complet il faut essayer de produire à partir d'eux toutes les preuves de la branche de la science en question. Et en faisant cela il faut faire très attention à ne tirer les conclusions qu'à partir des lois logiques. En effet, dans le cas contraire quelque chose s'immiscerait de manière subreptice qui aurait dû être compté comme axiome."[69] Frege pointe ici une difficulté. Le fait que les axiomes soient indubitablement de nature logique ne suffit pas s'il n'en va pas indubitablement de même des règles de conclusion utilisées dans une preuve. En effet, le caractère analytique d'une vérité doit demeurer douteux tant que le risque que constitue l'usage de règles de conclusion non logiques pour dériver cette vérité n'est pas définitivement exclu. Au contraire d'un grand nombre de ses collègues logiciens, Frege fait une différence précise entre axiomes et règles de conclusion. Il ne conteste certes pas l'existence de rapports étroits entre eux. Les règles de conclusion sont pour lui des vérités générales transformées en prescriptions de la pensée[70], et tout usage d'une règle est l'application d'une loi générale[71]. Dans bon nombre de preuves mathématiques on trouve des passages qui passent pour immédiatement évidents et dont le caractère purement logique n'est en aucun cas manifeste. Ces preuves incitent souvent à tenir un peu trop vite pour synthétiques les vérités

---

[69] "Über die Begriffsschrift des Herrn Peano und meine eigene" ["La Conceptographie de Monsieur Peano et la Mienne"]. In Agelelli 1967: p. 362.
[70] Voir "La Pensée". In Imbert 1994: p. 170.
[71] Voir *Conceptographie*, p. 40.

qu'elles permettent de justifier: "Un tel passage nous paraît souvent immédiatement évident [...] et, dans la mesure où il ne se présente pas comme l'un des modes logiques de conclusion reconnus, nous sommes aussitôt prêts à considérer cette évidence comme intuitive, et la vérité conclue, comme synthétique, même lorsque le domaine de validité s'étend manifestement au-delà de l'intuitif."[72] Il se peut que Frege pense ici à un principe de conclusion souvent utilisé en arithmétique qu'il nomme l'"induction de Bernoulli" mais qu'on appelle plus fréquemment aujourd'hui l'"induction complète": si le nombre 0 a la propriété F, et si pour tout nombre naturel n, dans la mesure où il a la propriété F, son successeur immédiat a également la propriété F, alors tout nombre naturel a la propriété F. Nous avons ici l'un de ces modes mathématiques de conclusion dont on pourrait aisément supposer qu'ils reposent sur des connaissances intuitives quant à l'essence du nombre et que donc ils sont synthétiques *a priori*. Dans la mesure où l'induction complète ne fait pas partie des modes logiques de conclusion reconnus, il faut, comme l'exige Frege dans la citation ci-dessus, la formuler comme une loi générale et la compter dans la base axiomatique. Si l'on considère la cinquième loi fondamentale de Dedekind-Peano, on voit que c'est exactement ce que Dedekind et Peano ont fait.

La base axiomatique contiendrait donc un "axiome de l'intuition" – à moins que le principe d'induction ne puisse être dérivé de façon purement logique à partir des lois logiques reconnues et qu'il s'avère ainsi n'être synthétique qu'*en apparence*. De fait, déjà dans sa *Conceptographie* le jeune Frege ne se sert que de moyens purement logiques pour prouver une loi générale dont l'induction de Bernouilli se dérive comme un cas particulier[73]. Il considère que ce succès établit de façon significative la manière dont la "pensée pure" permet d'obtenir des conséquences surprenantes et substantielles à partir de vérités logiques triviales et apparemment vides. Un nuage de logique pure se condense en une goutte de mathématique: on "voit [...] par cet exemple comment la pensée pure, faisant abstraction de tout contenu donné par les sens ou même par une intuition *a priori* et ne s'appuyant que sur le contenu

---

[72] *Les Fondements de l'Arithmétique*, p. 214.
[73] "Si x possède une propriété F qui se transmet dans une suite f, et si y suit x dans la suite f, alors y possède la propriété F." (*Conceptographie*, Paragraphe 27, Théorème 81, p.85). Dans une note Frege remarque: "C'est ce sur quoi repose l'induction de Bernoulli."

qu'elle tire de sa propre nature, peut produire des jugements dont la possibilité à première vue ne paraît devoir trouver sa raison que dans quelque intuition. On peut comparer cela avec la condensation qui permet à l'air de se changer en un liquide formant des gouttes alors même qu'à la conscience de l'enfant l'air semble n'être rien."[74] Frege y voit un bon présage quant aux perspectives de succès de la prochaine étape: la preuve purement logique des quatre autres lois fondamentales de Dedekind-Peano.

§2 L'idée d'une preuve formelle

La question de la complétude d'un système d'axiomes (au sens de la première citation du Paragraphe 1 ci-dessus) et du statut, du point de vue de la théorie de la connaissance, des règles de conclusion utilisées, revêt pour Frege une importance fondamentale. Depuis le départ il est essentiel pour son projet logiciste que des preuves purement logiques des lois fondamentales de l'arithmétique ne semblent pas seulement possibles. Il s'agit en outre de les produire effectivement, jusqu'au bout et sans lacune. Autrement dit, Frege n'entend pas seulement établir la plausibilité de la thèse logiciste. Il veut "trancher [...] définitivement, du moins pour l'essentiel"[75], la question de la nature de l'arithmétique (et donc aussi celle de l'essence du nombre) du point de vue de la théorie de la connaissance. Qu'il n'y ait aucune lacune dans la preuve est nécessaire non pas tant pour prouver de façon indubitable la *vérité* des lois arithmétiques – dans la plupart des cas Frege considère cela comme superflu –, que pour fixer leur *statut du point de vue de la théorie de la connaissance*. Il est en effet clair que ce statut doit demeurer incertain aussi longtemps que l'"on peut continuer à douter de la possibilité de produire leur preuve à partir de lois purement logiques, que donc aucun fondement de preuve d'une autre espèce ne s'est immiscé quelque part de façon subreptice. Cette réserve [...] ne peut être levée que par une chaîne de conclusions sans lacune de telle sorte qu'il n'y ait aucune étape qui ne soit conforme à l'un des quelques modes de conclusion reconnus comme purement logiques."[76]

---

[74] *Conceptographie*, p. 75.
[75] *Les Fondements de l'Arithmétique*, p. 118.
[76] *Ibid.*, pp. 213-214.

Frege est parfaitement conscient du fait qu'une telle exigence de rigueur et de continuité dans la preuve outrepasse fondamentalement ce que l'on a l'habitude d'exiger d'une preuve au dix-neuvième siècle: "Dans ces conditions, peut-être n'a-t-on jusqu'à ce jour donné aucune preuve; car le mathématicien est satisfait quand chaque passage à un nouveau jugement apparaît comme évidemment correct, sans qu'il s'interroge sur la nature de cette évidence pour déterminer si elle est logique ou intuitive."[77] Il est vrai que l'on peut difficilement reprocher aux mathématiciens de s'intéresser d'abord et avant tout à la vérité de leurs théorèmes, outre le fait que les questions de théorie de la connaissance paraissent davantage relever de la philosophie. Mais c'est même indépendamment de ses motivations proprement philosophiques que Frege déplore l'absence d'un standard de preuve accepté par tous. Pour nombre de mathématiciens du dix-neuvième siècle, les preuves sont souvent à peine plus que des intellections intuitivement évidentes qui peuvent certes prétendre à un haut degré de plausibilité mais qui ne garantissent aucune certitude ultime. Comme l'écrit Frege, la plupart des mathématiciens vivent au jour le jour de ce point de vue. Ils sont souvent satisfaits lorsque leurs exigences de précision répondent à leurs besoins immédiats. Et c'est ainsi qu'il peut arriver qu'une intellection, en dépit de toute sa plausibilité initiale, s'avère par la suite contradictoire: "Au fond, on n'a jamais ainsi qu'une certitude expérimentale et l'on doit être prêt à tomber pour finir sur une contradiction qui fera s'écrouler tout l'édifice. C'est pourquoi je crois devoir revenir aux fondements logiques, plus avant peut-être que la plupart des mathématiciens ne l'ont jugé nécessaire."[78] Nous avons déjà vu que pour Frege la "production purement logique de la preuve" est "la plus solide". Par conséquent, les modes de conclusion fondés sur l'intuition, voire sur la perception sensible, doivent être remplacés dans la mesure du possible par des modes logiques de conclusion. C'est précisément en cela que consiste le projet logiciste de Frege: accomplir complètement cette substitution pour l'arithmétique.

Ces considérations ont amené Frege à réélaborer un concept de preuve d'un nouveau genre, caractérisé par des exigences élevées en termes de rigueur, d'explicitation et de transparence. La pensée

---

[77] *Ibid.*, p. 214.
[78] *Ibid.*, p. 122.

fondamentale de Frege, aujourd'hui unanimement acceptée, est celle de preuve *formelle*. Selon cette conception, un argument ne peut valoir comme preuve que si chaque passage des prémisses à la conclusion est légitimé par une règle de conclusion précise et explicitement formulée. Les conditions d'application de ces règles de conclusion sont conçues de telle sorte qu'une compréhension du contenu des signes utilisés pour leur formulation n'est pas nécessaire pour leur vérification. Celle-ci pourrait donc tout aussi bien "être exécutée à l'aide d'une machine ou remplacée par une activité purement mécanique."[79] C'est en cela que consiste le caractère formel d'une preuve formelle: la forme extérieure de l'argument doit déjà faire voir si une règle est correctement appliquée. Frege appelle "calculs concluants" les passages formels de ce genre. De nos jours, les systèmes complets d'axiomes et de règles formelles sont la plupart du temps appelés des "calculs".

§3 L'impossibilité des preuves formelles dans les "langues verbales"

La tentative de mettre sur des voies rigoureuses le cours argumentatif des pensées grâce à l'indication de règles de conclusion formelles se heurte cependant à une difficulté: l'imperfection logique des "langues verbales". Frege appelle ainsi les langues naturelles comme l'allemand ou l'anglais, par opposition aux langues symboliques des mathématiques ou de la chimie. Les imprécisions et les ambiguïtés des langues verbales empêchent souvent d'atteindre la rigueur requise:

"La raison pour laquelle les langues verbales sont ici peu appropriées réside non seulement dans l'ambiguïté fréquente des expressions, mais surtout dans le manque de formes fixes pour l'activité de conclure. Des mots comme 'donc', 'par conséquent', 'parce que', font bien allusion au fait que l'on conclut mais ils ne disent rien de la loi selon laquelle on conclut et il est aussi possible de les utiliser, sans commettre aucune erreur linguistique, là où il n'y a absolument aucune conclusion logiquement justifiée. Mais, dans la recherche que j'ai ici en vue, il n'importe pas seulement de se convaincre de la vérité de la phrase de conclusion, ce dont on se satisfait la plupart du temps en mathématiques. Il faut en outre prendre conscience de ce qui justifie cette conviction, des

---

[79] *Écrits Posthumes*, p. 45.

lois originaires sur lesquelles elle repose. À cette fin, il faut des rails solides que l'activité de conclure doit suivre, et ces rails n'existent pas dans les langues verbales."[80]

Frege aurait pu essayer de résoudre ce problème en procédant au moyen d'une réglementation stricte. Il aurait pu isoler un fragment de français[81] qu'il aurait débarrassé de ses imprécisions et de ses ambiguïtés en définissant rigoureusement la signification des mots, et introduire des règles exactes pour l'activité logique de conclure. Mais il considère que de telles corrections "cosmétiques" sous-estiment les ambiguïtés de la grammaire superficielle des langues naturelles et combien celle-ci peut induire en erreur dans la mesure où il arrive fréquemment qu'elle recouvre, voire dissimule, leur structure logique profonde. Étant donné que dans les chapitres suivants nous serons à nouveau amenés à parler des caractéristiques des langues naturelles qui, d'un point de vue logique, sont trompeuses, nous nous contenterons ici d'un exemple. La grammaire du français attribue la même structure sujet-prédicat aux phrases (1) "Socrate est mortel" et (2) "Personne n'est mortel", alors que ces phrases diffèrent considérablement du point de vue de leurs propriétés logiques. Il suit en effet de la phrase (1), mais non de la phrase (2), qu'il y a quelque chose qui est mortel. La raison de cette différence est que, d'un point de vue logique, les expressions "Socrate" et "personne" ne fonctionnent pas de la même manière. Seule la première est un nom propre – une différence importante d'un point de vue logique mais qui est gommée par la logique traditionnelle qui a l'habitude de classer ces deux expressions comme autant de sujets.

Dans les grammaires des langues naturelles, dit Frege, "le psychologique et le logique sont confondus. Autrement toutes les langues devraient avoir la même grammaire."[82] On ne saurait ignorer les dangers qui menacent ici, ne serait-ce que parce que notre pensée conceptuelle est contrainte d'utiliser des signes. Les illusions linguistiques portent donc directement atteinte à notre pensée. L'importance scientifique d'un système de signes adéquat ne saurait être surestimée: "Les signes ont pour notre pensée la même importance qu'en

---

[80] "Über die Begriffsschrift des Herrn Peano und meine eigene" ["La Conceptographie de Monsieur Peano et la Mienne"]. In Agelelli 1967: pp. 362 et suivantes.
[81] Nous transposons au français ce que Stepanians dit de l'allemand.
[82] *Écrits Posthumes*, p. 167.

navigation la capacité de se servir du vent pour aller contre lui. Aussi, que personne ne méprise les signes! Beaucoup dépend de leur choix approprié."[83] La confusion des formes logiques avec les formes grammaticales constitue la plus grande source d'erreurs pour la pensée logique et, du point de vue de Frege, ce danger est tout à fait réel. Il déplore à maintes reprises que la logique traditionnelle se soit tant orientée en fonction des grammaires des langues naturelles. Quand bien même les problèmes que pose la production d'une preuve dans les langues verbales pourraient être circonscrits, ils ne pourraient pas vraiment être résolus. C'est la raison pour laquelle Frege renonce à utiliser dans les preuves des expressions empruntées aux langues naturelles. Ces difficultés ont depuis toujours rendu nécessaire la mise au point d'expressions techniques et de langues techniques complètes. La profonde méfiance de Frege vis-à-vis les langues verbales exige une solution plus radicale: il faut tout reprendre de fond en comble. Au lieu de perdre son temps à rafistoler les langues verbales, Frege décide de contourner ces difficultés en développant un moyen d'expression des pensées entièrement nouveau.

§4 L'idée d'une conceptographie: la conceptographie de Frege

Toutes ces considérations: 1) la nécessité de produire des preuves sans lacune pour établir de façon indubitable la thèse logiciste, 2) l'exigence de preuves formelles pour déterminer non seulement la vérité d'un théorème mais aussi son statut du point de vue de la théorie de la connaissance, 3) l'impossibilité de produire de telles preuves dans le medium d'une langue naturelle, 4) la grande importance des signes pour notre pensée, 5) la méfiance vis-à-vis des suggestions grammaticales des langues verbales, ont conduit Frege à élaborer une nouvelle langue artificielle conçue de façon à répondre aux exigences de la production de preuves transparentes et complètes: la conceptographie. Celle-ci est censée constituer une "langue formulaire de la pensée pure construite d'après celle de l'arithmétique". Dans la préface de la *Conceptographie*, Frege détermine de la façon suivante le but de cette langue formulaire: "Elle doit [...] d'abord servir à vérifier de la façon la plus sûre la force

---

[83] "La Science Justifie le Recours à une Conceptographie". In Imbert 1994: p. 64.

concluante d'une chaîne de conclusions et à dénoncer toute présupposition qui prétend s'immiscer subrepticement, pour que l'on puisse en dépister l'origine."[84] Afin de donner une présentation précise et sans lacune de ces chaînes de conclusions, Frege développe un système de notations à deux dimensions, très mûrement réfléchi, dans lequel les arguments sont disposés sous la forme d'un calcul en colonne. L'analyse des formes logiques de conclusion contenue dans la conceptographie a fait faire à la logique son plus grand progrès depuis Aristote et elle est aujourd'hui un standard accepté par tous. Bien sûr, les symboles logiques et autres conventions d'écriture spécialement introduits pour sa présentation par Frege sont si étranges et si alambiqués que celui-ci est probablement le seul jusqu'à aujourd'hui à s'en être servi. Les logiciens contemporains utilisent la plupart du temps une notation différente, mais équivalente quant au contenu, qui remonte à Peano et qui a ensuite été complétée et affinée par Russell. Même dans ce livre, c'est une variante de la notation de Peano et Russell que nous utilisons.

Frege souligne expressément que la conceptographie constitue "une aide conçue à des fins déterminées et que l'on ne saurait condamner sous prétexte qu'elle ne vaut rien pour d'autres."[85] En aucun cas on ne doit prétendre surpasser avec elle les langues naturelles à quelque point de vue que ce soit. Frege n'a jamais mis en doute la très nette supériorité que confèrent aux langues verbales, dans presque tous les domaines, leur souplesse, leur très grande puissance expressive et leur applicabilité universelle, par rapport à une langue artificielle telle que la conceptographie qui semble si primitive en comparaison. Il compare le rapport entre sa conceptographie et une langue naturelle à celui qui existe entre un instrument optique inventé dans un but déterminé et l'œil:

"Je crois que la meilleure manière de montrer le rapport qu'entretient ma conceptographie avec la langue de la vie courante est de le comparer à celui qu'entretient le microscope avec l'oeil. Grâce à l'étendue de ses possibilités d'application et à sa mobilité qui lui permet d'épouser les circonstances les plus diverses, l'œil est de loin supérieur au microscope. Si maintenant on le considère comme un appareil optique, il montre à vrai dire un grand nombre d'imperfections auxquelles on a l'habitude de ne pas prêter attention par suite de sa liaison intime avec la vie mentale.

---

[84] *Conceptographie*, p.6.
[85] *Ibid.*, p.7.

Mais dès lors que des buts scientifiques en viennent à exiger une très grande précision en terme de distinction, l'œil s'avère insuffisant. En revanche, le microscope convient parfaitement à de tels buts, mais c'est justement ce qui le rend inutilisable pour tout autre but."[86]

Frege n'a pas voulu développer une langue idéale. La conceptographie n'est pas plus une langue idéale que le microscope, un œil idéal. Elle est mise au point par le logicien et adaptée artificiellement à ses exigences très spécifiques. Une telle langue doit permettre d'atteindre une transparence logique plutôt que des possibilités de communication sans parasite. Si les langues constituées historiquement sont animées d'un désir de communication rapide et efficace, la conceptographie laisse beaucoup à désirer de ce point de vue – depuis le départ on s'est plaint du manque de concision et du caractère alambiqué des formulations conceptographiques. Mais c'est le prix à payer pour pouvoir exprimer de façon claire et précise les relations logiques.

Frege considère sa conceptographie comme la réalisation partielle d'une idée ancienne de Leibniz. Celui-ci avait essayé en vain de développer un système de signes qui, à l'instar d'une langue normale, permette de formuler des phrases, et par là même des contenus, mais dans lequel en même temps tout passage argumentatif d'une ou plusieurs de ces phrases à une autre se fasse à la façon d'un calcul. Il s'agissait pour Leibniz d'inventer une *"lingua characterica"* censée constituer en même un *"calculus ratiocinator"*, c'est-à-dire un calcul formel au sens décrit plus haut. Cette pensée fondamentale est également un leitmotiv pour Frege: "Je n'ai pas voulu présenter une logique abstraite dans des formules, j'ai voulu exprimer un contenu avec des signes écrits d'une façon à la fois plus précise et plus synoptique que ce que les mots permettent. J'ai en fait voulu créer, non pas un pur et simple *calculus ratiocinator*, mais une *lingua characterica* au sens leibnizien du terme, étant bien entendu que je considère ce calcul concluant comme un élément nécessaire d'une conceptographie."[87] Frege attache une importance particulière au constat selon lequel, la plupart du temps, les phrases de la conceptographie sont nettement moins informatives que celles d'une langue naturelle dans la mesure où, en effet, elles n'expriment que ce qui est pertinent pour d'éventuelles déductions. On

---

[86] *Ibid.*, pp. 6-7.
[87] "Sur le But de la Conceptographie". In Imbert 1994: pp. 70-71.

ne saurait donc s'étonner du fait que la traduction d'un argument d'une langue naturelle dans les signes de la conceptographie ne conserve pas tout le contenu initial de la phrase. En revanche, ce qui doit demeurer inchangé dans tous les cas ce sont toutes les informations pertinentes pour les conclusions. Une traduction dans la conceptographie fonctionne comme un filtre qui ne laisse passer que "ce qui a une influence sur les déductions possibles. Tout ce qui est nécessaire à la déduction correcte d'une conclusion est pleinement exprimé, mais ce qui n'est pas nécessaire n'est souvent pas non plus indiqué. Rien n'est laissé à deviner."[88] Ce qui "est nécessaire à la déduction correcte d'une conclusion", et qui pour cette raison est "pleinement exprimé" dans les phrases de la conceptographie, le jeune Frege l'appelle le "contenu conceptuel". D'où le nom de conceptographie.

À l'origine, le projet de Frege était manifestement d'étendre le moment venu à d'autres sciences que la logique pure le domaine d'application de la conceptographie, cela en complétant son vocabulaire de base. Il pensait que les extensions aux champs de la géométrie et de la physique étaient relativement faciles à effectuer[89]. Mais ces extensions n'eurent jamais lieu. C'est que, bien sûr, il s'agissait avant tout pour Frege d'appliquer la conceptographie dans le cadre de son projet logiciste. Ses buts immédiats n'exigeaient rien d'autre qu'une "langue formulaire de la pensée *pure*", comme le dit le sous-titre du livre.

Selon Frege, la ressemblance de la conceptographie avec la "langue formulaire de l'arithmétique", dans la filiation de laquelle le sous-titre inscrit expressément la conceptographie, concerne "davantage les pensées fondamentales que le détail de la conception". La pensée fondamentale est celle d'une langue artificielle dont les expressions, du point de vue de leur structure interne et de la transparence de leur présentation, conviennent davantage à leur objet que celles qui leur correspondent dans la langue naturelle. L'influence de la langue formulaire de l'arithmétique sur la conception de la conceptographie va cependant bien au-delà de cette ressemblance superficielle. Frege lui doit en effet des suggestions décisives pour ses innovations sans doute les plus importantes en logique. Ces innovations feront l'objet des deux prochains paragraphes. Il s'agit du développement d'une notation précise

---

[88] *Conceptographie*, p. 17.
[89] Voir *Ibid.*, pp. 7-8.

pour l'expression de la généralité et du rejet de la distinction sujet-prédicat au profit de la division en argument et fonction.

§5 Lettres et généralité

Dans les sciences, en fin de compte, il ne s'agit pas de connaître le plus grand nombre possible de vérités mais de formuler un petit nombre de lois générales à partir desquelles des vérités particulières infiniment nombreuses puissent être conclues. Il est bien de savoir que Socrate est mortel, que Platon est mortel et qu'Aristote est mortel. Mais savoir que tous les hommes sont mortels est mieux car on peut en dériver ces vérités ainsi que de très nombreuses autres. Si toutefois il devait s'avérer que ce ne sont pas tous les hommes qui sont mortels, pour cette raison qu'il y a au moins un exemplaire immortel, il faudrait dire de façon générale que quelques hommes (c'est-à-dire en logique: au moins un) sont immortels. Étant donné que les énoncés de lois dans les sciences adoptent souvent cette forme, il va de soi que l'expression précise des généralités de la forme "Tous les F sont G", "Quelques F sont (non) G" et "Aucun F n'est G" doit être possible dans toute langue scientifique adéquate. De même, il est clair que ce qui se déduit de tels énoncés de lois revêt une grande importance.

Aristote l'avait déjà parfaitement compris. On trouve dans ses *Premiers Analytiques* le premier essai systématique de formulation des règles générales qui permettent de distinguer, parmi des conclusions dérivées de prémisses où figurent des expressions quantifiées (ce que l'on appelle des "quantificateurs", par exemple "tous", "quelques-uns" et "aucun"), celles qui sont valides et celles qui ne le sont pas. La validité d'un syllogisme aristotélicien typique tel que "Tous les hommes sont mortels. Quelques hommes sont Grecs. Donc: Quelques mortels sont Grecs" dépend avant tout du sens des quantificateurs "tous" et "quelques-uns". Mais il y a une difficulté. Le corpus de règles rassemblé par Aristote et ses successeurs médiévaux montre rapidement ses limites dès lors que des quantificateurs apparaissent non seulement dans le sujet, mais également dans le prédicat. Un exemple simple d'une telle quantification multiple est une phrase du type: "Tous les garçons aiment toutes les filles".

Frege résout ce problème séculaire de façon si élégante et si efficace que celui-ci est aujourd'hui tombé dans l'oubli. S'il lui a fallu le résoudre, c'est parce que les quantifications multiples sont fréquentes dans les énoncés de lois de l'arithmétique. Il développe pour sa conceptographie une notation qui permet l'expression de la généralité quel que soit le nombre des quantificateurs présents dans le sujet ou dans le prédicat. Pour le mathématicien qu'il est, il paraît naturel de s'inspirer de la langue formulaire de l'arithmétique. Cette langue permet en effet d'exprimer avec souplesse et simplicité des légalités générales alors que la distinction entre sujet et prédicat ne lui est pas applicable (en tout cas pas sans mal). Où sont le sujet et le prédicat dans "$2 \times 2 = 4$"? Ou dans la loi générale "$(a + b)c = ac + bc$"? Frege décide de reprendre dans sa conceptographie la technique utilisée en arithmétique pour exprimer la généralité et de l'affiner conformément aux buts qui sont les siens. Dans le premier paragraphe de la *Conceptographie*, il renvoie à la distinction qui est faite dans le vocabulaire de l'arithmétique entre deux espèces de signes: "La première comprend les lettres de l'alphabet, chacune tenant lieu soit d'un nombre laissé indéterminé, soit d'une fonction laissée indéterminée. Cette indétermination permet d'utiliser les lettres de l'alphabet pour exprimer la généralité, comme dans $(a + b)c = ac + bc$. La seconde comprend des signes tels que $+$, $-$, $\sqrt{}$, 0, 1, 2, qui ont chacun une signification propre."[90] Frege retient cette idée fondamentale d'une distinction entre deux espèces de signes "afin de pouvoir l'exploiter dans le domaine plus étendu de la pensée pure en général"[91]. Dans la langue formulaire de l'arithmétique, les lettres de l'alphabet servent à généraliser à tous les nombres ou fonctions les jugements qui traitent de nombres ou de fonctions déterminés. Si dans une équation vraie telle que "$2 + 3 = 3 + 2$" nous substituons systématiquement aux signes numériques "2" et "3" les lettres "x" et "y", nous obtenons l'expression d'une loi générale dans laquelle les nombres ne sont plus indiqués que de manière indéterminée par "x" et "y": "$x + 3 = 3 + x$" ou "$2 + y = y + 2$" ou "$x + y = y + x$". À l'inverse, il est possible de conclure un nombre potentiellement infini de vérités à partir de ces phrases en substituant aux lettres des signes numériques quelconques.

Frege considère cette technique de généralisation comme remarquable pour trois raisons. Premièrement, la généralité d'une phrase est le résultat de la substitution de signes *qui n'indiquent rien de façon déterminée* à des expressions pourvues d'une signification *déterminée*.

---

[90] *Conceptographie*, p.15.
[91] *Ibid.*, p. 15.

En ce sens, la compréhension que nous avons des phrases générales dépend de celle que nous avons des phrases pourvues de significations complètement déterminées. Deuxièmement, la généralité obtenue au moyen des lettres n'est pas restreinte à telle ou telle partie de la phrase, que ce soit le sujet ou le prédicat. Dans la formulation "Le nombre 11 est plus petit que le nombre 13" nous pouvons substituer une lettre aussi bien à l'expression du sujet "le nombre 11" qu'à la partie prédicative "le nombre 13". Troisièmement, généraliser peut bien plutôt être compris comme une opération portant sur le *contenu d'ensemble* d'une phrase.

Afin de "pouvoir exploiter [cette technique] dans le domaine plus étendu de la pensée pure en général", Frege commence par étendre l'usage des lettres de l'alphabet à l'expression de n'importe quelle phrase, et non pas seulement à celle des formules mathématiques. Soit la phrase: "Sam est confus". De la même manière que dans notre exemple arithmétique nous généralisons cette phrase en substituant à "Sam" une lettre qui n'indique rien de façon déterminée: "x est confus". Il s'agit là aussi d'une phrase complète au sens ici pertinent, c'est-à-dire d'un signe complexe dont le contenu peut faire l'objet d'un jugement. Mais à la différence de "Sam est confus", "x est confus" exprime quelque chose de général.[92] La seconde modification que Frege fait subir au modèle arithmétique est une conséquence de l'universalité illimitée de la logique: le domaine que les lettres indiquent de façon indéterminée doit nécessairement tout englober. Alors qu'en arithmétique les substitutions autorisées dans une phrase telle que "$x + y = y + x$" se limitent aux signes numériques, toute restriction disparaît dans une langue de signes logique. Ainsi "x est confus" n'exprime pas que tous les hommes sont confus, elle exprime la thèse générale: tout est confus. Afin de signaler cette compréhension englobante, nous pouvons faire précéder notre phrase de l'avertissement explicatif "Quel que soit x", lequel n'appartient pas à son contenu. Il ne fait qu'expliciter cette convention. Bien que nous écrivions (Quel que soit x) "x est confus", nous retenons que seul ce qui est entre guillemets appartient au contenu de la phrase.

Un problème surgit aussitôt. La grande majorité des assertions de la forme "x est F" sont *trop* générales pour être vraies. La plupart du temps nous ne voulons pas dire que de la planète de Jupiter au nombre 13, en

---

[92] L'usage que je fais des lettres x, y, z, etc. correspond à l'usage que Frege fait des lettres latines a, b, c, etc., et non pas à celui qu'il fait des lettres allemandes ou grecques (Voir *Conceptographie*, § 11) Par conséquent, "x est confus" n'est ni une phrase "ouverte" (au sens que l'on donne aujourd'hui à ce mot), ni un prédicat.

passant par le poisson rouge de Sam, *tout* est confus sans exception. Nous entendons seulement soutenir une thèse plus modeste, par exemple que cela ne concerne que tous les philosophes. Mais comment délimiter le domaine de la généralité? Nous pouvons nous y prendre de deux manières. Ou bien nous restreignons le domaine de la lettre et nous stipulons qu'à "x" seules des désignations de philosophes peuvent être substituées, tout comme dans l'arithmétique élémentaire les lettres qui apparaissent dans une phrase du type "$(a + b) c = ac + bc$" ne peuvent être échangées que contre des signes numériques. Ou bien nous considérons que le domaine des lettres n'est pas restreint, mais alors nous ajoutons une condition restrictive au contenu de la phrase. Nous venons de voir que Frege repousse la première option pratiquée dans la langue formulaire de l'arithmétique en renvoyant à l'universalité de la logique. Il ne reste donc plus que la seconde solution: "Toutes les [...] conditions auxquelles doit être soumis ce qui peut être mis à la place d'une [...] lettre sont à inclure dans le jugement."[93] Nous devons donc aller un peu plus loin et recourir à des lettres pour exprimer notre conviction que tous les philosophes ont l'esprit confus, tout en évitant de généraliser l'expression en position de sujet ("Tous les philosophes ..."): "Si x est un philosophe alors x est confus". L'ajout de la condition "Si x est un philosophe" laisse intact le domaine des lettres. En effet, de tout sans exception, et même par exemple du poisson de Sam, on peut dire: s'il est un philosophe alors il est confus.

Jusque-là tout va bien. Demeure néanmoins un problème lié à la propriété de cette technique de généralisation qui rend justement celle-ci si séduisante pour résoudre le problème d'Aristote: celle-ci n'est pas restreinte aux parties de la phrase telles que le sujet et le prédicat mais elle concerne toujours le contenu d'ensemble d'une phrase. Dès lors, comment soumettre à d'autres opérations logiques une expression déjà généralisée, par exemple pour exprimer que ce n'est pas tout qui est confus? En français la négation est en ce cas dans le sujet: "Ce n'est pas tout qui est confus". On ne peut pas dire ici "Ce n'est pas x qui est confus", étant donné que cette phrase signifie au mieux la même chose que "x n'est pas confus". En aucun cas cette dernière expression ne dit que ce n'est pas tout qui est confus. Elle dit que, quel que soit x, x n'est pas confus, soit de façon plus concise: "Rien n'est confus". Reste que

---

[93] *Conceptographie*, p. 33.

nous sommes près d'une solution. Celle-ci a deux composantes. La première consiste à ajouter explicitement à l'expression du contenu, et cela sous la forme d'un opérateur de généralisation, l'avertissement déjà mentionné "quel que soit x", lequel ne servait jusque-là que d'explicitation. Nous avons écrit plus haut: (Quel que soit x,) "x est confus", expression dans laquelle seul "x est confus" exprimait le contenu proprement dit. Nous ajoutons maintenant de manière expresse la généralité au contenu: "Quel que soit x, x est confus". Étant donné que désormais la généralité, considérée comme élément à part entière du contenu, peut être soumise à d'autres opérations logiques, il devient possible, s'agissant de phrases complexes, de restreindre la généralité aux phrases qui les composent. La deuxième composante de la solution consiste à concevoir la négation elle-même comme un opérateur "il n'est pas le cas que", lequel nie non pas le sujet ou le prédicat mais le contenu d'ensemble de la phrase. Si nous abrégeons "quel que soit x" par "$(\forall x)$", et "il n'est pas le cas que" par "$\neg$", nous pouvons rendre les formulations du langage naturel qui se trouvent à gauche du tableau ci-dessous par les expressions conceptographiques qui y figurent à droite[94]:

Tout est confus	$(\forall x)$ (x est confus)
Rien n'est confus	$(\forall x) \neg$(x est confus)
Ce n'est pas tout qui est confus	$\neg(\forall x)$ (x est confus)
Quelques-uns sont confus	$\neg(\forall x) \neg$(x est confus)

Avec cette notation Frege possède un instrument à la fois très économique, précis et souple pour exprimer des généralités de n'importe quel degré de complication. Il suffit désormais de trois signes pour exprimer le syllogisme du Paragraphe 5, à savoir le quantificateur universel "$(\forall x)$", le signe de négation "$\neg$" et le signe du conditionnel "$\rightarrow$" pour l'ajout des conditions restrictives:

$(\forall x)$ (x est un homme $\rightarrow$ x est mortel)
$\neg(\forall x)$ (x est un homme $\rightarrow$ $\neg x$ est Grec)
$\neg(\forall x)$ (x est mortel $\rightarrow$ $\neg x$ est Grec)

---

[94] Comme nous l'avons déjà dit, la notation utilisée ici n'est pas la notation conceptographique originale mais une variante d'une langue symbolique qui remonte à Peano et à Russell.

Du point de vue de cette notation, qu'un quantificateur apparaisse dans tel ou tel membre de la phrase, avec telle ou telle fréquence, est sans importance. Des phrases à quantifications multiples telles que "Tous les garçons aiment toutes les filles" qui ont tant tourmenté les Aristotéliciens trouvent maintenant une formulation précise: "Quels que soient x et y: Si x est un garçon et y une fille alors x aime y". En notation formelle (avec "&" pour "et"): $(\forall x) (\forall y) ((x$ est un garçon & y est une fille$) \rightarrow x$ aime $y)$.

Ce que la solution de Frege a de décisif n'est pas l'utilisation de lettres pour l'expression de la généralité en logique. Aristote s'est lui-même servi de cette technique pour mettre en évidence la forme générale d'un syllogisme. La nouveauté réside avant tout dans le fait que Frege, en introduisant explicitement le quantificateur universel "$(\forall x)$", traite la généralisation comme une opération logique portant sur le contenu d'ensemble d'une phrase qui peut être soumise à d'autres opérations logiques. Cela autorise la construction de phrases complexes telles que "$(\forall x)\ (x$ est $F) \rightarrow (\forall y)\ (y$ est $G)$", dans lesquelles les phrases généralisées apparaissent comme des expressions partielles insérées.

§6 Argument et fonction au lieu de sujet et prédicat

C'est notamment son succès dans l'analyse de la généralité qui conforte Frege dans sa conviction que les langues naturelles n'offrent qu'un modèle extrêmement douteux pour l'expression précise des relations logiques et que la tradition logique depuis Aristote s'est fourvoyée en se laissant guider par ce modèle pour opérer ses distinctions et ses analyses logiques. Avec un aplomb remarquable et un minimum de justifications, le jeune Frege déclare dès les premières pages de sa *Conceptographie* que des distinctions centrales de la logique traditionnelle sont dépourvues de pertinence. Il remarque en bloc "que la logique, jusqu'à présent, a suivi de beaucoup trop près la langue et la grammaire"[95]. Le plus grand obstacle à une compréhension claire des structures logiques est à ses yeux la manière dont la tradition se cramponne à la division en sujet et prédicat. Comme nous l'avons vu plus haut, Frege considère qu'il suffit de jeter un coup d'oeil sur la

---

[95] *Conceptographie*, p.8.

langue formulaire de l'arithmétique pour se rendre compte que ce couple conceptuel ne peut pas avoir la pertinence logique primordiale qui lui a été accordée pendant deux milles ans. Comment appliquer une telle conceptualité à une phrase du type: "$a + b = b + a$" sans forcer les choses ? Le fait que cette distinction soit dépourvue de pertinence dans la langue formulaire de l'arithmétique est précisément ce qui permet à Frege de proposer une conception claire de la généralité. Aussi déclare-t-il dans le Paragraphe 3 de la *Conceptographie*, certainement au grand étonnement de ses lecteurs de l'époque: "Dans ma présentation de ce qu'est un jugement il n'y a pas de distinction entre un sujet et un prédicat"[96]. Il justifie cet abandon en prenant pour exemple deux phrases de la langue naturelle qui résultent l'une de l'autre par transformation en voie active et en voie passive: 1) Les Perses ont été vaincus par les Grecs à Platée. 2) Les Grecs ont vaincu les Perses à Platée.

Bien que les deux phrases possèdent des sujets et des prédicats différents, ils sont, dit Frege, équivalents du point de vue logique: ce qui suit de la première suit également de la seconde et inversement. En d'autres termes, ces phrases possèdent le même "contenu conceptuel" et à ce niveau la distinction entre sujet et prédicat ne joue aucun rôle. Une langue qui n'entend exprimer que ce qui est significatif pour conclure doit donc renoncer aussi bien à cette vénérable distinction qu'à celle entre voie active et voie passive.

Frege utilise à la place une autre forme de division liée à la distinction introduite dans le Paragraphe 1 de la *Conceptographie* entre les lettres qui n'indiquent rien de façon déterminée et les signes pourvus d'un "sens complètement déterminé". Il se peut que cette distinction ait été suscitée par l'analyse que Frege a faite de la généralité. Nous avons vu comment, en substituant des lettres aux signes numériques dans une équation telle que "$2 + 3 = 3 + 2$", on obtient l'expression d'une loi générale dans laquelle les nombres ne sont plus indiqués que de façon indéterminée: "$x + y = y + x$". Or, au lieu de remplir les espaces vides par les lettres "x" et "y" et de généraliser la phrase initiale, nous aurions tout aussi bien pu introduire d'autres signes numériques, par exemple "12" et "48". Nous aurions alors obtenu l'équation "$12 + 48 = 48 + 12$". Avec des substitutions de cette sorte l'expression se décompose en une partie ouverte aux substitutions – toutes les places remplies par des signes

---

[96] *Ibid.*, p. 16.

numériques – et une partie restante considérée comme invariable. Si nous signalons maintenant par des crochets et des parenthèses les espaces laissés vides par l'élimination des signes numériques nous obtenons: "( ) + [ ] = [ ] + ( )". L'équation, pour reprendre la terminologie de Frege dans la *Conceptographie*, se décompose ainsi dans la *fonction* "( ) + [ ] = [ ] + ( )" dont on peut remplir les espaces vides par différents *arguments* ("2" et "3" ou "12" et "48"). Ce que Frege désigne ici par "argument" et "fonction", ce sont des expressions linguistiques: "Si l'on pense qu'une expression peut être modifiée de cette manière, elle se décompose en un élément constant qui présente l'ensemble des relations et en un signe qui est considéré comme substituable par d'autres et qui a pour référence l'objet inscrit dans ces relations. Le premier élément je l'appelle une fonction, et le second, son argument."[97]. Afin de "pouvoir exploiter dans le champ plus étendu de la pensée pure en général" la distinction entre fonction et argument inspirée des mathématiques (plus exactement: de l'analyse), Frege ne la cantonne pas au domaine des mathématiques mais il l'universalise à toutes les phrases. Il voit dans sa proposition de substituer à la division traditionnelle en sujet et prédicat celle en argument et fonction, laquelle est à la fois beaucoup plus souple et de loin plus adéquate à ce qui est en jeu, l'une de ses innovations les plus importantes. De fait cette distinction est d'une importance décisive pour sa pensée. Une dizaine d'années plus tard, dans son article "Fonction et concept" (1891), il reviendra sur la conception ébauchée dans la *Conceptographie* et la développera pour en faire le fondement de sa philosophie de la logique de la maturité[98].

§7 Le système d'axiomes de la conceptographie

La première version de la conceptographie de 1879 (on en trouve une version remaniée dans le premier tome des *Lois fondamentales de l'arithmétique* qui paraît en 1893) présente neuf axiomes. Frege déclare

---

[97] *Ibid.*, p. 29.
[98] Voir Chapitre 5.

en outre qu'il n'utilisera qu'une seule règle de conclusion[99]. Dans notre notation, nous pouvons formuler ces axiomes de la façon suivante :

1. $(q \to p) \to (\neg p \to \neg q)$
2. $p \to \neg \neg p$
3. $\neg \neg p \to p$
4. $p \to (q \to p)$
5. $[r \to (q \to p)] \to [(r \to q) \to (r \to p)]$
6. $[r \to (q \to p)] \to [q \to (r \to p)]$
7. $(a = b) \to (Fa \to Fb)$
8. $a = a$
9. $(\forall x)(Fx) \to Fa$[100].

Le système contient quatre constantes logiques: la conditionnalité ("$\to$"), la négation ("$\neg$"), la généralité ("$\forall x$") et l'identité ("="). La règle de conclusion de Frege affirme qu'à partir des prémisses "$p \to q$" et "p" il est permis de dériver la conclusion "q". Dans la mesure où elle autorise la séparation du conséquent "q" du conditionnel "$p \to q$", Frege l'appelle "règle de séparation". Il croit alors probablement encore que les neuf axiomes et la règle de séparation (avec les définitions adéquates des concepts fondamentaux de l'arithmétique) suffisent pour dériver les lois fondamentales de Dedekind-Peano. Pourtant, quelques années plus tard (après une certaine hésitation qui s'avèrera bientôt n'être que trop

---

[99] Il ajoute: "du moins dans tous les cas où un nouveau jugement est dérivé à partir de plus d'un seul " (*Conceptographie*, Paragraphe 6, p. 23). Cette réserve est nécessaire, Frege utilisant en outre une règle de substitution.

[100] La traduction des signes qu'utilise Frege dans une notation aujourd'hui plus courante n'est pas sans présenter des difficultés. Nous l'avons déjà dit: les formules sont pour lui des phrases complètes et non pas de purs et simples schémas de phrase que seul un acte d'interprétation transformerait en phrases sensées. Il faut donc prêter attention au fait que, d'une part, les lettres doivent être comprises à la lumière des explications indiquées dans le Paragraphe 5, et que, d'autre part, Frege considérait comme une monstruosité les lettres qui n'étaient pas liées (au moins implicitement) par un quantificateur. Aussi n'y en a-t-il pas dans la conceptographie.

justifiée), il en viendra à penser que cette dérivation réclame un axiome supplémentaire: la "loi fondamentale V" dont la mauvaise réputation a fait la célébrité. C'est en effet cette loi qui permet de dériver la contradiction qui a finalement contraint Frege à abandonner la thèse logiciste[101].

---

[101] Voir Chapitre 4, Paragraphe 15.

Chapitre 4. L'argument des Fondements de l'Arithmétique

§1 Le sens et le but des *Fondements de l'Arithmétique* (1884)

La publication de la *Conceptographie* est une première étape importante vers la fondation de la thèse logiciste. Dans l'"opuscule", comme Frege l'appelle, ne se trouve pas seulement présenté le medium dans lequel doivent être formulées les preuves censées décider du statut épistémique des lois fondamentales de Dedekind-Peano. Ces preuves y obtiennent en outre un début de production concrète. Comme nous l'avons vu dans le Paragraphe 1 du Chapitre 3, la *Conceptographie* contient une analyse du concept de succession dans une série ainsi que, s'y rattachant, une preuve purement logique d'une phrase générale à partir de laquelle il est possible de dériver la cinquième loi fondamentale de Dedekind. Frege explicite son projet dans la préface de la *Conceptographie*: poursuivre sur cette voie afin "de pousser plus loin la décomposition des concepts de l'arithmétique et de fonder plus profondément ses énoncés". Il annonce aussi qu'"immédiatement après cet écrit il se présentera" avec les recherches correspondantes[102].

Pour produire la preuve des vérités arithmétiques élémentaires, parmi lesquelles les lois fondamentales de Dedekind-Peano, nous avons avant tout besoin d'une explication du concept général de nombre ainsi que d'une analyse et d'une définition concrètes du contenu des signes numériques particuliers, à commencer par "zéro" et "un". Sur le fondement de ces définitions tous les autres peuvent ensuite être expliqués en ajoutant 1. Si Frege affirme avoir un manuscrit prêt dès 1882, onze années s'écouleront encore avant qu'il ne commence en 1893 à réaliser ce qu'il a annoncé dans la *Conceptographie*, cela en publiant le premier tome des *Lois Fondamentales de l'Arithmétique – Dérivées Conceptographiquement* (le second tome sera publié en 1903). L'une des raisons principales de ce retard, explique-t-il alors, est "le découragement qui s'est parfois emparé de [lui] en constatant l'accueil

---

[102] *Conceptographie*, p. 9.

froid, plus exactement l'absence d'accueil réservé à [ses] [...] écrits."[103] Ce découragement trouve sa raison principale dans l'incompréhension rencontrée par la *Conceptographie*. Elle constitue en effet une composante essentielle du projet logiciste dans la mesure où elle seule autorise la production de preuves sans lacune qu'exige la justification rigoureuse de la thèse de l'analycité des lois fondamentales de l'arithmétique. Mais justement parce qu'elle présente le medium dans lequel toutes les définitions doivent être données et les preuves produites, Frege ne pouvait pas espérer trouver des lecteurs réceptifs pour ses publications ultérieures tant que la conceptographie resterait mal comprise, voire tout simplement ignorée, dans la communauté des philosophes et des mathématiciens.

Se rangeant à l'avis d'un collègue, Frege décide donc aux alentours de 1882 de publier, en guise de préalable aux preuves conceptographiques rigoureuses qui rempliront de leurs formules les cinq cents pages des deux tomes des *Lois Fondamentales*, une présentation plus accessible de ses résultats fondamentaux dans une prose allemande sans formule. C'est la publication en 1884 de son chef-d'œuvre philosophique, les *Fondements de l'Arithmétique – Une Recherche Logico-Mathématique à propos du Concept de Nombre*. En renonçant aux symboles conceptographiques Frege y donne une esquisse des preuves les plus importantes, il développe et justifie ses analyses conceptuelles, il les défend contre des conceptions rivales.

§2 Trois principes méthodiques

Des cinq chapitres qui composent les *Fondements*, les trois premiers sont consacrés à la discussion d'autres conceptions du concept de nombre. Un critique influent avait trouvé à redire au fait que, dans sa *Conceptographie*, Frege ignorait les travaux des autres chercheurs. Frege n'a manifestement pas voulu s'exposer une nouvelle fois à ce reproche. Il explique dans l'introduction qu'en procédant à ses analyses il a rigoureusement suivi trois principes méthodiques. Il laisse entendre que les erreurs commises par les conceptions du concept de nombre qu'il critique et rejette ont l'une de leurs sources principales dans le peu

---

[103] *Lois Fondamentales de l'Arithmétique*, t. I, p. xi.

d'égard que celles-ci accordent à l'un au moins de ces trois principes. Reste que l'importance de ces principes méthodiques ne s'épuise pas pour Frege dans leur potentiel polémique et critique. Comme nous le verrons, il leur accorde également un rôle-clef pour sa propre analyse du concept de nombre: "[1] Il faut nettement séparer le psychologique du logique, le subjectif de l'objectif; [2] on doit rechercher ce que les mots veulent dire en les prenant non pas isolément mais dans le contexte d'une phrase; [3] il ne faut pas perdre de vue la différence entre concept et objet."[104] Afin de faciliter l'observation du premier principe, Frege dit avoir "toujours utilisé le mot 'représentation' dans un sens psychologique et distingué les représentations des concepts et des objets."[105] Nous pouvons retenir que les représentations sont pour Frege quelque chose de psychologique et de subjectif dont l'existence est liée à chaque personne. Mais en tant que sujets pensants et connaissants – telle sera la conviction de Frege tout au long de sa vie – nous sommes confrontés à une réalité qui existe (à quelques détails près) indépendamment de nous et dont nous essayons de saisir les objets et les propriétés dans nos jugements:

"Si nous voulons absolument sortir du subjectif, nous devons concevoir l'activité de connaître comme une activité qui ne produit pas le connu mais qui saisit ce qui existe déjà. L'image de la saisie est particulièrement adéquate pour expliquer ce qu'il en est. Si je saisis un crayon il se passe plusieurs sortes de choses dans mon corps: excitations des nerfs, modifications de la tension et de la pression des muscles, des tendons et des os, modifications du mouvement sanguin. Mais l'ensemble de ces processus n'est pas le crayon, ils ne le produisent pas non plus. De même, donc, ce que nous saisissons intellectuellement subsiste indépendamment de cette activité, des représentations et de leurs modifications qui appartiennent ou accompagnent cette activité de saisir, il n'est pas l'ensemble de ces représentations, il n'est pas non plus produit par elles comme une partie de notre vie spirituelle."[106]

Frege n'a de cesse de souligner la différence stricte qu'il y a entre ce qui est objectif et ce qui est privé et dépendant du sujet – entre les

---

[104] *Les Fondements de l'Arithmétique*, p. 122.
[105] *Ibid.*, p. 122.
[106] *Lois Fondamentales de l'Arithmétique*, t. I, p. xxiv.

représentations subjectives et les objets et concepts objectifs représentés, entre l'activité subjective de tenir pour vrai et l'être-vrai objectif, entre la subjectivité de la pensée et l'objectivité de ce vers quoi cette pensée se dirige.

Son deuxième principe selon lequel on doit interroger la signification[107] des mots en les prenant non pas isolément mais dans le contexte d'une phrase se trouve discuté dans la littérature secondaire sous le nom de "principe contextuel". Son interprétation et son rôle dans la philosophie de Frege demeurent l'objet de controverses. Frege l'explicite en renvoyant au premier principe, celui de la séparation de l'objectif et du subjectif: "Si l'on néglige le second principe, on est conduit presque nécessairement à donner pour signification aux mots des images ou des événements intérieurs à l'âme individuelle, et ainsi on enfreint également le premier principe."[108] Selon ce principe contextuel, répondre à la question de savoir ce que signifie un mot exige de considérer son utilisation primitive dans une phrase complète. Pour Frege, dès lors que l'on a compris que la signification de chaque mot en particulier consiste uniquement dans la manière dont ceux-ci contribuent à la signification de phrases entières, on est beaucoup moins tenté de voir leur fonction principale dans l'évocation "des images ou des événements intérieurs à l'âme individuelle" et d'expliciter leur signification en renvoyant à ces images et à ces événements. Comme nous le verrons encore, le principe contextuel joue un rôle important dans la manière dont Frege explique le concept de nombre.

L'explication de son troisième principe, lequel exige de distinguer rigoureusement concept et objet, amène Frege à remarquer que "si l'on pense pouvoir faire d'un concept un objet sans l'altérer", c'est seulement en apparence[109]. Cette remarque énigmatique recouvre un principe de sa philosophie. Nous pouvons le désigner comme le "principe de la différence logique catégoriale entre concepts et objets". Nous l'énonçons pour la première fois de la façon suivante: les phrases de la forme "*Fa*" exprime la relation logique fondamentale selon laquelle un objet tombe sous un concept ("subsumption"). Par conséquent, nous pouvons lire

---

[107] À l'époque des *Fondements*, Frege ne dispose pas encore de sa fameuse distinction entre "sens" et "référence". "Référence" n'est donc pas encore ici un terme technique.
[108] *Les Fondements de l'Arithmétique*, p. 122.
[109] *Ibid.*, p. 122.

"*Fa*" de la façon suivante: "L'objet *a* tombe sous le concept *F*". Si dans cette phrase nous éliminons la désignation d'objet "*a*" ou le terme conceptuel "*F*", et si nous marquons les espaces laissés vides avec respectivement "( )" et "_", nous obtenons respectivement les expressions "( ) tombe sous le concept *F*" et "*a* tombe sous _".

Au niveau linguistique, le troisième principe de Frege signifie qu'un terme conceptuel ne peut jamais remplir de façon sensée les espaces laissés vides par l'élimination d'une désignation d'objet (d'un "nom propre"), et réciproquement un nom propre ne peut jamais être inséré de façon sensée là où auparavant il y avait un terme conceptuel. Étant donné que seuls des objets tombent sous des concepts, des phrases telles que "(Le concept *G*) tombe sous le concept *F*" ou "L'objet *a* tombe <u>sous l'objet *b*</u>" sont logiquement dépourvues de sens. Du point de vue du contenu, cela signifie qu'un concept ne peut jamais jouer le rôle d'un objet et que les objets et les concepts ne peuvent jamais être inscrits dans les mêmes relations. En ce sens, il est impossible "de faire d'un concept un objet – et inversement. Frege continuera de développer cette compréhension technique du terme "concept" et la reliera à notre compréhension intuitive du terme "propriété". Retenons pour le moment qu'il y a pour lui une différence absolue et insurmontable entre les objets d'une part et les concepts sous lesquels ceux-ci tombent le cas échéant d'autre part.

§3 "L'indication d'un nombre contient un énoncé à propos d'un concept"

Dans les trois premiers chapitres des *Fondements*, Frege discute et rejette trois réponses à la question de savoir en quoi consiste l'essence du nombre. La première affirme que les nombres sont des propriétés des choses physiques au même titre que la couleur, la dureté, ou le poids; la seconde, qu'ils sont des représentations (au sens précisé par Frege) et qu'ils sont donc comparables aux douleurs, aux hallucinations ou aux impressions des sens. Selon la troisième conception, les nombres ne sont rien d'autre que des "ensembles" au sens concret d' "agrégats" ou de "multiplicités" de choses, qu'il s'agisse d'ensembles d'hommes, de tas de grains de sable ou de constellations d'étoiles[110]. Frege fait à ces

---

[110] Cette manière de comprendre le mot "ensemble" ne correspond pas au sens qu'il a aujourd'hui pour la plupart des mathématiciens et des logiciens. Ce que Frege désigne dans les *Fondements* comme "ensemble", ce sont des touts méréologiques composés de

conceptions toute une série d'objections puissantes sur lesquelles nous ne pouvons pas nous étendre ici[111]. Il résume ainsi les résultats essentiels de sa discussion dans le Paragraphe 47: "Le nombre n'est pas abstrait des choses à la manière des couleurs, du poids, de la dureté, il n'est pas une propriété des choses au sens où ces qualités le sont [...]. Le nombre n'est rien de physique, il n'est pas non plus quelque chose de subjectif [...]. Les expressions 'multiplicité', 'ensemble', 'pluralité' sont, de par leur indétermination, inaptes à apporter quelque lumière sur le nombre."[112]

Les nombres ne sont, dit Frege, ni des propriétés, ni des rassemblements de choses physiques, mais ils ne sont pas non plus des représentations subjectives. Que sont-ils alors? Bien que la conception propre de Frege ne cesse de poindre dans sa critique des conceptions rivales, ce n'est qu'au quatrième chapitre que commence son développement systématique: "Le concept de nombre cardinal". À titre de présupposition importante et de préparation à la discussion qui doit suivre, Frege formule une idée importante au Paragraphe 46 dont il est convaincu qu'elle joue un rôle déterminant pour une compréhension correcte du concept de nombre. Elle constitue en même temps à ses yeux un remède efficace contre tous ces malentendus dont on trouve l'expression dans les conceptions des autres philosophes. Dès le Paragraphe 21, Frege fait observer que les termes numériques sont souvent utilisés de façon attributive. Dans "Cet arbre a 1000 feuilles" l'expression "1000" apparaît grammaticalement comme un attribut de "feuilles", de la même manière que "vert" dans "Cet arbre a des feuilles vertes". Cet emploi attributif pour répondre aux questions de la forme "Combien ...?" est caractéristique du concept de nombre que Frege considère, et pour donner également à cette caractéristique une expression terminologique il parle la plupart du temps non pas de "nombres" mais de "nombres cardinaux". Moins ambigu que le terme plus abstrait de "nombre", "nombre cardinal" exige un complément: "nombre cardinal" est toujours "nombre cardinal de _". Mais comment

---

parties et non pas des entités abstraites constituées d'éléments. Aux yeux de Frege aussi, comme nous le verrons, les nombres sont des ensembles au sens moderne du mot, qu'il désigne la plupart du temps comme des "classes". Dans des écrits ultérieurs il lui arrive aussi d'utiliser le mot "ensemble" dans son sens aujourd'hui habituel, i.e. comme une variante stylistique de "classe".

[111] Voir Kenny 1995: Chapitre 4; Dummett 1991: Chapitre 8 déjà cité.
[112] *Les Fondements de l'Arithmétique*, p. 174.

formuler de manière générale le complément manquant? Quel est le porteur du nombre? Dans l'expression "feuilles de cet arbre" qui est insérée dans "le nombre cardinal de _", il n'est question pour Frege ni de feuilles concrètes, ni de leur rassemblement en agrégats ("ensembles"), ni de représentations subjectives de feuilles. L'expression "feuilles de cet arbre" ne tient lieu de rien de physique ou de psychique, il tient lieu de quelque chose d'abstrait: un concept. Dans l'indication d'un nombre telle que "Cet arbre a 1000 feuilles" on déclare que mille objets tombent sous le concept *feuille de cet arbre*. Le porteur du nombre, et c'est là l'idée révolutionnaire de Frege, est un concept: "Et nous approchons ainsi de la réponse […], à savoir que l'indication d'un nombre contient un énoncé à propos d'un concept. C'est peut-être dans le cas du nombre 0 que la chose se voit le plus clairement. Quand je dis: 'Vénus a 0 lune', il n'existe aucune lune ou agrégat de lunes dont on pourrait dire quelque chose; mais on attribue au concept 'lune de Vénus' une propriété, à savoir celle de ne rien subsumer. Si je dis: 'Le carrosse de l'empereur est tiré par quatre chevaux', c'est au concept 'cheval qui tire le carrosse de l'empereur' que j'attribue le nombre quatre."[113] "L'indication d'un nombre contient un énoncé à propos d'un concept" signifie que, dans une indication numérique, un concept est le sujet logique d'une prédication logique ("énoncé"). La formulation suivante fait mieux apparaître cette structure: "Le nombre cardinal n revient au concept F", formulation dans laquelle "le concept F" constitue le sujet logique, et "le nombre cardinal n revient à _", le prédicat logique (l'"énoncé"). Selon Frege, cette idée bien comprise quant à la structure logique profonde des indications numériques résout d'un coup tous les problèmes sur lesquels ont échoué les conceptions des autres philosophes qu'il vient de critiquer patiemment.

§4 L'objectivité des concepts

C'est en particulier la généralité sans limite du domaine du nombrable qui devient ainsi compréhensible. Tout peut être compté et non pas seulement, comme on devrait s'y attendre avec une conception physique du nombre, les objets physiques. Frege est d'accord avec le philosophe anglais John Locke (1632-1704) qu'il cite: "Le nombre s'applique aux hommes, aux anges, aux actions, aux pensées, à toute

---

[113] *Ibid.*, p. 176.

chose qui existe ou qui peut être représentée."[114] Si les concepts sont les porteurs des nombres, on comprend que le domaine du nombrable ait la même étendue que celui de la pensée conceptuelle.

En outre, l'objectivité des indications numériques devient intelligible. Déterminer combien d'objets tombent sous un concept n'est pas une question de façon de voir subjective, c'est quelque chose d'objectif. Le fait que, devant le même phénomène physique, on puisse légitimement affirmer aussi bien "C'est 1 groupe d'arbres" que "Ce sont 5 arbres" avait conduit de nombreux philosophes à tenir les nombres pour quelque chose de subjectif. Cela semble en effet constituer un argument en faveur de la thèse selon laquelle la réponse à la question de savoir si un seul et même phénomène perceptible consiste seulement en un ou en cinq objets dépend de la façon de voir subjective de chacun. Apparemment, ce qui pour un tel constitue cinq objets en constitue tout aussi légitimement un seul pour tel autre. Mais, dit Frege, les apparences sont trompeuses car ici aux différents nombres correspondent différents concepts: déterminer si, dans une situation perceptive donnée, un seul objet tombe sous le concept *groupe d'arbres* et cinq sous celui d'*arbre* n'est en aucun cas une pure et simple question de façon de voir. Les deux peuvent être vrais, les deux peuvent également être faux, et en ce sens ces questions sont objectivement décidables. Aux différentes façons de voir correspondent des concepts différents, donc quelque chose d'objectif. Nous avons déjà vu, lors de l'explicitation de ses trois principes méthodiques, que Frege oppose aux représentations subjectives aussi bien les objets que les concepts comme étant quelque chose d'objectif. Les objets et les concepts sont pour lui les éléments fondamentaux de la réalité qui existe indépendamment de nous. Les concepts et les objets sont pareillement susceptibles d'énoncés objectifs, et de fait, dit Frege, c'est ce que nous faisons lorsque par exemple nous formulons des lois générales. Ainsi, des énoncés de la forme "Tous les *F* sont *G*" constatent des vérités (ou des faussetés) générales à propos d'une relation entre concepts: "Qu'une indication numérique exprime quelque chose de factuel, d'indépendant de notre façon de voir, n'étonnera que celui qui considère le concept comme quelque chose de subjectif pareil à la représentation. Mais cette vue est erronée. Quand par exemple on subordonne le concept de corps à celui de pesanteur, ou celui de baleine

---

[114] *Ibid.*, p. 150.

à celui de mammifère, on affirme quelque chose d'objectif. Si maintenant les concepts étaient subjectifs, la subordination de l'un à l'autre, en tant qu'elle est une relation entre eux, serait à son tour quelque chose de subjectif, comme l'est une relation entre représentations."[115] Dans "Tous les corps sont pesants" le concept de corps est subordonné à celui de pesanteur, et dans "Toutes les baleines sont des mammifères" le concept de baleine est subordonné à celui de mammifère. Pour Frege, qu'il s'agisse de baleines individuelles ou de mammifères individuels, il n'est nulle part question d'objets ici – et pourtant il est objectivement vrai que les concepts *baleine* et *mammifère* entretiennent ce rapport. Bien sûr, c'est nous qui fixons les limites d'un concept en déterminant par exemple qu'une baleine ou un mammifère est quelque chose qui présente telle ou telle caractéristique. Mais une fois cela fixé de manière univoque, la question de savoir si les baleines sont des mammifères n'est plus une pure et simple affaire de point de vue. On ne doit pas être troublé ici par le fait que, comme le dit Frege, les concepts ne se laissent ni percevoir ni toucher. Il en va en effet de même pour bon nombre de choses à propos desquelles des jugements vrais sont émis dans les sciences. Même l'axe de la Terre, le centre de gravité du système solaire ou l'équateur sont objectifs, bien qu'ils n'exercent aucun effet causal sur nos sens. Leur inefficacité causale ne prouve pas qu'il s'agit de créations subjectives de notre esprit. Elle montre seulement que ces choses n'appartiennent pas aux éléments constitutifs du monde causal ou, comme le dit Frege, du monde "effectif": "je distingue l'objectif du tangible, du spatial, de l'effectif. L'axe de la Terre, le centre de gravité du système solaire sont objectifs, mais je ne voudrais pas les appeler effectifs comme la Terre elle-même. On appelle souvent l'équateur une ligne de la pensée; mais il serait faux de l'appeler une ligne inventée[116]; l'équateur n'est pas né de notre pensée, il n'est pas le résultat d'un processus psychique mais il ne peut être connu, saisi, que par la pensée. Si être connu c'était être créé, nous ne pourrions rien déclarer de positif en rapport à un temps antérieur à cette prétendue création."[117] De même pour les jugements vrais portant sur des concepts: "nous devons concevoir l'activité de connaître comme une activité qui ne produit pas le connu mais qui saisit ce qui existe déjà."[118] De même pour

---

[115] *Ibid.*, p. 176.
[116] Frege fait une différence entre "*gedachte Linie*" et "*erdachte Linie*" (*N.d.T.*)
[117] *Les Fondements de l'Arithmétique*, pp. 153-154.
[118] *Lois Fondamentales de l'Arithmétique*, t. I, p. xxiv.

les nombres que nous trouvons aux concepts. Ces derniers sont eux aussi dépourvus d'efficacité causale, ils ne sont pas pour autant subjectifs, ni eux, ni leurs propriétés. Au contraire, le fait que 2 + 2 = 4 est justement pour Frege un exemple typique d'une vérité objective.

§5 Les nombres sont des objets indépendants

La partie critique de son livre s'achève ici. Dans le quatrième chapitre Frege se consacre à la présentation et à la justification détaillée de sa propre conception. Il fait d'abord valoir que parler des nombres comme d'*objets* – en dépit de leur inefficacité causale – n'est pas une pure et simple façon de parler mais doit au contraire être pris très au sérieux. Jusqu'à présent Frege s'est fondé sur l'emploi attributif des termes numériques comme dans "Cet arbre a 1000 feuilles". Cela l'a conduit à l'idée que le porteur du nombre est un concept. Mais l'emploi attributif suggère en outre de considérer les nombres comme des *propriétés* de concepts. C'est cette suggestion que Frege maintenant rejette. Certes, dans "Le nombre cardinal *n* revient au concept *F*" une propriété est reconnue au concept *F*, à savoir que le nombre cardinal *n* lui revient. Mais la propriété d'avoir le nombre cardinal *n* n'est pas le nombre cardinal *n*. Ce dernier n'est qu'un élément constitutif de cette propriété: "C'est la raison pour laquelle j'ai évité d'appeler *propriété* d'un concept un nombre tel que 0, 1 ou 2. Chaque nombre particulier se révèle être un objet indépendant en ceci justement qu'il constitue seulement une partie de l'énoncé."[119] La grammaire superficielle des langues naturelles dissimule une fois de plus ici la structure logique profonde. Cette dernière peut néanmoins être mise au jour au moyen de paraphrases appropriées: "Étant donné que nous devons saisir le concept de nombre tel qu'il peut être utilisé pour les sciences, on ne doit pas se laisser troubler par le fait que, dans la langue quotidienne, le nombre apparaît également de manière attributive. Il est toujours possible d'y remédier. Par exemple, on peut transformer la phrase 'Jupiter a quatre lunes' en 'le nombre des lunes de Jupiter est quatre' […]. 'Est' a ici le sens de 'est égal à', 'est le même que'. Et la forme de l'équation est la forme dominante en arithmétique."[120] Encore une fois, la langue symbolique de

---

[119] *Les Fondements de l'Arithmétique*, p. 184.
[120] *Ibid.*, p. 184.

l'arithmétique, qui sert avant tout à exprimer des équations et qui ne prévoit pas l'emploi attributif des termes numériques, est plus proche de la vérité que "la langue quotidienne". Mais la possibilité de traduire des formulations de la langue quotidienne telles que "Jupiter a quatre lunes" dans l'équation "Le nombre des lunes de Jupiter = 4", permet, dit Frege, de dénoncer le caractère attributif de "quatre" comme une pure et simple apparence. En effet, l'identité est une relation que seuls des objets, et non pas des concepts, peuvent entretenir. Les signes numériques fonctionnent comme des désignations d'objets (des "noms propres" au sens technique large que Frege donne à cette expression[121]) et des emplois apparemment attributifs de la forme "Ce sont n F" peuvent toujours être éliminés au profit d'équations de la forme "le nombre cardinal des $F = n$".

L'insistance de Frege sur ce point tient à son troisième principe méthodique qui nous exhorte à "ne jamais perdre de vue [...] la différence entre concept et objet."[122] Sa thèse selon laquelle le nombre a un caractère d'objet doit être considérée eu égard à son principe de la différence logique catégoriale entre les concepts et les objets. Il est vrai que, comme nous l'avons déjà dit, c'est seulement quelques années plus tard que Frege reliera explicitement la manière dont il comprend les concepts avec le concept intuitif de propriété[123]. Il n'en demeure pas moins que nous pourrons mieux nous rendre compte des alternatives ici discutées en partant du concept intuitif de propriété. Ou bien les nombres sont des propriétés de concepts, c'est-à-dire des propriétés de propriétés; ou bien ils sont des objets qui surviennent aux propriétés (aux concepts). Dans le premier cas les nombres seraient eux-mêmes des concepts et l'emploi attributif dans les indications numériques de la forme "Ce sont n F" correspondrait à leur essence adjective. Dans le deuxième cas ils seraient des objets et leur emploi attributif dans des équations de la forme "Le nombre cardinal des $F = n$" manifesterait leur caractère véritable. Frege plaide en faveur de la seconde alternative: "Les mathématiques considèrent [...] les nombres comme des objets, non comme des propriétés. Elles utilisent les termes numériques de façon substantive et non pas prédicative."[124]

---

[121] Voir "Sens et Référence". In Imbert 1994: p. 103.
[122] *Les Fondements de l'Arithmétique*, p. 122.
[123] Voir Chapitre 5, Paragraphe 3.
[124] *Correspondance Scientifique*. In Gabriel 1976: p. 271.

§6 La question cruciale: comment les nombres nous sont-ils donnés?

Jusqu'ici Frege pense avoir montré avant tout trois choses: 1) Dans les indications numériques les sujets logiques sont des concepts à propos desquels quelque chose est énoncé. 2) Dans la science les nombres sont considérés comme des objets. 3) Les noms propres de la forme "Le nombre cardinal de *F*" constituent la manière fondamentale de s'y référer dans la langue. Dans le Paragraphe 62 Frege établit le fondement sur lequel s'appuie la suite de sa recherche concernant la définition des signes numériques et il pose la question cruciale à l'aune de laquelle, selon lui, le succès ou l'échec de toute philosophie plausible de l'arithmétique doit être mesuré: comment savons-nous quelque chose de ce genre d'objets? Se trouve ainsi posée la question de notre accès épistémique aux nombres. Du fait de leur inefficace causale, les nombres ne peuvent pas avoir d'effet sur nos sens. Mais ils ne sont pas non plus représentables en images et ils interviennent dans des domaines dont nous n'avons ni perception ni intuition – et pourtant nous connaissons un grand nombre de leurs propriétés et de leurs lois. Comment cela est-il possible ? Frege retient pour cette question une formulation dont les échos consciemment kantiens n'ont pas pu échapper à ses lecteurs contemporains: "Comment un nombre doit-il donc nous être donné si nous ne pouvons en avoir aucune représentation ni intuition?"[125]

§7 Le principe contextuel

La manière absolument non kantienne que Frege a de répondre à cette question a dû paraître d'autant plus étrange à ses lecteurs d'alors. Il donne au problème une tournure méthodique surprenante: c'est en explicitant le *sens des termes numériques* que Frege veut répondre à la question de notre accès épistémique aux nombres! Nous avons ici un exemple éloquent du "*linguistic turn*" qui caractérise pour de nombreux philosophes la philosophie analytique du vingtième siècle[126]: "C'est seulement dans le contexte d'une phrase que les mots signifient quelque chose. Il importera donc d'expliciter le sens d'une phrase dans laquelle

---

[125] *Les Fondements de l'Arithmétique*, p. 188.
[126] Voir Rorty, Richard, éd. (1967). *The linguistic turn*. Chicago; Dummett 1988.

se trouve un terme numérique."[127] Sans un mot d'explication, sans rien dire, Frege traduit une question de théorie de la connaissance en une question de théorie du langage. Il considère manifestement que cette nouvelle étape va tellement de soi qu'elle ne requiert aucune justification. C'est seulement quelques années plus tard, dans son célèbre article "Sens et Référence" de 1892, qu'il explicitera le rapport interne entre le sens des signes numériques et notre accès épistémique aux nombres qu'il se contente ici de supposer. Le sens des signes numériques, dira-t-il, contient "le mode de donation" des nombres qu'ils désignent. Déterminer le sens des expressions dont la forme fondamentale est "le nombre cardinal des F" *signifie* donc répondre à la question de savoir comment les nombres nous sont originairement donnés alors que nous ne pouvons en avoir aucune représentation ni intuition. Ils nous sont donnés par le biais de notre compréhension – notre saisie du sens – des expressions de la forme "le nombre cardinal des F"[128].

Le but est l'explication du sens des signes numériques, le moyen pour l'atteindre est l'analyse du sens complet des phrases dans lesquelles ceux-ci sont utilisés. Frege considère que le détour par le sens des énoncés numériques complets est nécessaire pour deux raisons. Il a déjà indiqué la première en formulant le principe contextuel dans l'introduction des *Fondements*. Lorsque l'on fait l'analyse de mots pris individuellement en dehors du contexte d'une phrase "on est conduit presque nécessairement à donner pour signification aux mots des images et des événements intérieurs à l'âme individuelle"[129]. On en viendrait ainsi souvent à conclure de façon erronée qu'un mot n'a pas de signification du fait que son contenu est irreprésentable: "Nous croyons qu'un mot n'a pas de contenu si aucune image interne n'y correspond. Mais il faut toujours avoir en vue une phrase complète. C'est seulement dans une phrase complète que les mots ont à proprement parler une signification. Les images internes auxquelles nous pouvons songer alors n'ont pas besoin de correspondre aux éléments logiques du jugement. Il suffit que la phrase prise comme un tout ait un sens. Ses parties reçoivent par là même un contenu."[130] Les analyses du sens des mots en dehors du contexte d'une phrase favorisent la confusion des contenus de pensée

---

[127] *Les Fondements de l'Arithmétique*, p. 188.
[128] Voir Chapitre 7.
[129] *Les Fondements de l'Arithmétique*, p. 122.
[130] *Ibid.* pp. 186-187.

objectifs qui sont connectés aux expressions concernées, avec les représentations subjectives qui accompagnent de façon contingente la pensée de ces contenus. La seconde raison est que, au moins dans les sciences, la fonction principale des mots pris individuellement est de contribuer au contenu des phrases qui manifestent des jugements car toute connaissance s'exprime dans des jugements (vrais). Le rapport aux nombres ne fait que préparer l'émission d'un jugement et dans cette mesure l'usage de termes (numériques) pris individuellement ne sert en définitive qu'à préparer ce qui importe vraiment dans les sciences: l'expression de la connaissance au moyen de phrases complètes qui manifestent des jugements. Dans l'expression linguistique d'un jugement il est nécessaire que les parties de la phrase aient elles aussi apporté leur contribution, laquelle s'épuise dans la détermination du contenu du jugement. Considérer un mot dans le contexte d'une phrase signifie donc l'examiner dans sa fonction originaire quant à la détermination du contenu d'un jugement.

§8 La détermination du sens au moyen de critères d'identité

Afin de comprendre la capacité que nous avons de pouvoir référer à des nombres, nous devons expliquer le sens des termes numériques. Une fois encore, cela exige de déterminer le sens des phrases complètes dans lesquelles des termes numériques apparaissent. Frege poursuit ainsi son argumentation: pour identifier des objets quelconques auxquels nous faisons référence nous avons besoin d'un critère qui permette de les distinguer et les reconnaître.

Un exemple sera peut-être utile ici. Supposons que nous voulions compter et répertorier toutes les comètes des mille dernières années. Cette tâche ne peut être accomplie que si nous sommes en mesure de répondre au moins en principe aux questions concernant l'identité des comètes. La comète observée en 1066 – appelons-la Alpha – est-elle identique à la comète de Halley de 1910? Tant que nous ne possédons aucun critère d'identité pour les comètes, nous ne savons pas si la comète de Halley constitue un retour de Alpha ou s'il s'agit de deux comètes. Mais par quoi l'identité d'une comète est-elle déterminée? Est-ce par son éclat et sa forme? Est-ce par son orbite? Selon que le critère adopté sera tel ou tel, les questions d'identité pour les comètes recevront une réponse différente, même si du fait des données astronomiques lacunaires il ne sera pas toujours possible de parvenir à une décision univoque. Supposons que les astronomes du Moyen Âge aient vu dans l'éclat et la forme d'une comète des caractéristiques autorisant leur identification, alors que pour les astronomes d'aujourd'hui c'est l'orbite qui est décisive. Supposons en outre qu'en 1066 Alpha était certes nettement plus lumineuse que la comète de Halley de 1910, mais qu'elle possédait la même orbite. L'astronome du Moyen Âge voit donc un autre objet dans la comète de Halley tandis que son collègue d'aujourd'hui y reconnaît la comète Alpha en train de s'éteindre lentement. On voit clairement par là que les deux astronomes désignent quelque chose de différent avec "Alpha" dans la mesure où la relation entre un nom propre et l'objet qu'il nomme doit être univoque. Ils répondraient sans doute différemment à notre question initiale sur le nombre des comètes des mille dernières années. Car c'est aussi le concept "comète" qui se trouve plus précisément déterminé par le critère d'identité des objets qui tombent sous lui, par conséquent aussi le concept "comète des mille dernières années".

De ces considérations nous pouvons tirer des enseignements généraux. Nous avons vu qu'un nom propre ne désigne rien de déterminé tant qu'il n'y a pas un critère d'identité univoque pour les objets auxquels il est censé se rapporter. C'est seulement de cette manière que la question de savoir si Alpha = Halley obtient un sens définitif. C'est uniquement au moyen du critère d'identité qu'un objet de référence peut être à chaque fois attribué de façon précise aux noms propres. Même le concept d'un *genre* d'objets demeure vague aussi longtemps que l'identité des objets qui tombent sous lui est indéterminée. Si du fait d'un critère d'identité déficient ou insuffisant il est impossible de dire clairement si un objet tombe ou non sous un concept, le concept n'a pas non plus de limites précises.

§9 La stratégie définitionnelle de Frege

L'inverse est vrai: si une équation de la forme "$a = b$" possède un sens définitif alors il doit également y avoir un critère d'identité qui stipule sous quelles conditions a est identique à b. Frege se sert de ce rapport pour la détermination du concept de nombre. Sa stratégie définitionnelle générale semble être celle-ci: lorsque les termes numériques désignent des objets de façon univoque, les phrases, qui selon Frege doivent avoir un sens définitif, sont des équations de la forme "le nombre cardinal des F = le nombre cardinal des G".

De telles phrases, dit Frege, expriment des "jugements de reconnaissance" pour des nombres cardinaux. L'étape décisive vers la compréhension du concept de nombre cardinal consiste donc dans la découverte du critère d'identité pour les nombres désignés: nous "avons déjà établi que par termes numériques il faut entendre des objets indépendants. Nous avons ainsi affaire à un genre de phrases qui doivent avoir un sens, des phrases qui expriment un acte de reconnaissance. Si le signe a est censé désigner un objet, nous devons avoir un signe distinctif qui décide partout si b est le même que a, quand bien même nous n'aurions pas toujours le pouvoir d'utiliser ce signe distinctif."[131] Le critère d'identité stipule le sens des énoncés de reconnaissance pour les nombres cardinaux et il détermine ainsi en même temps, même si seulement de manière implicite, le sens des expressions "le nombre cardinal des F" qui s'y trouvent contenues. Rappelons-nous: "Il suffit que la phrase prise comme un tout ait un sens; ses parties reçoivent par là même un contenu."[132] L'idée est la suivante. Le sens de la phrase d'ensemble et celui du signe d'égalité[133] que Frege présuppose comme déjà connu déterminent le sens de la seule inconnue de cette équation, à savoir celui du signe numérique. Étant donné que ce procédé ne permet d'obtenir le sens des signes numériques que de manière indirecte, à partir du contexte, on parle également d'une "définition contextuelle", par opposition à une définition "explicite" qui stipulerait directement le sens de l'expression inconnue.

Frege recourt à une analogie qu'il emprunte au domaine de la géométrie pour illustrer la manière dont on doit effectivement procéder. Supposons que nous ne sachions pas ce qu'il faut entendre par "direction (d'une droite)". Conformément à l'indication générale de Frege, nous commençons notre tentative d'explication par la détermination du sens d'une équation entre des directions en recherchant le critère d'identité

---

[131] *Les Fondements de l'Arithmétique*, p. 188.

[132] *Ibid.*, p. 187.

[133] Dans les *Fondements*, Frege part encore du principe qu'il est possible d'expliquer le signe d'égalité par une loi logique qui remonte à Leibniz (voir *Les Fondements*, Paragraphe 65). Plus tard, il en viendra à considérer l'identité comme indéfinissable pour la raison que toute définition présuppose déjà une compréhension de l'identité (voir Chapitre 8, Paragraphe 3).

qui est pertinent pour elles. Quand deux droites (du point de vue de notre compréhension intuitive) ont-elles la même direction? Précisément lorsqu'elles sont parallèles. Nous stipulons donc que ce qui est décisif pour l'identité des directions, c'est le parallélisme des droites que l'on considère: "La direction de la droite a = la direction de la droite b" $=_{déf.}$ "La droite a est parallèle à la droite b".

Comme l'explique Frege, nous remplaçons en quelque sorte le contenu du signe "( ) est parallèle à [ ]" par celui du signe d'égalité, à la fois plus général et plus pauvre en contenu, puis nous distribuons le contenu restant de "( ) est parallèle à [ ]" en parts égales à gauche et à droite de l'équation. Nous obtenons de cette manière le concept de direction: "Nous remplaçons [...] le signe // [lire : ( ) est parallèle à [ ]] par le signe plus général = en répartissant sur a et b le contenu particulier du signe primitif. Nous divisons le contenu d'une autre manière que la manière initiale et nous obtenons ainsi un nouveau concept."[134] Selon cette explication, le fragment de phrase "( ) est parallèle à [ ]" possède le même sens que "la direction de ( ) = la direction de [ ]". Et comme dans ce dernier cas le sens de "=" nous est déjà connu, l'idée de Frege est que cela nous aide à comprendre l'expression restante "la direction de ( )".

§10 L'identité pour les nombres cardinaux: le principe de Hume

Si l'on veut utiliser un tel procédé pour déterminer le concept de nombre, la première étape consiste là aussi à indiquer un critère d'identité pour les nombres. Étant donné que la proposition de Frege sur ce point est introduite au Paragraphe 63 par une citation de David Hume (1711-1776), ce critère est appelé la plupart du temps dans la littérature secondaire le "principe de Hume"[135]. Il se formule par l'équivalence suivante:

Le nombre cardinal des F = le nombre cardinal des G
$$\leftrightarrow$$
Les F peuvent être ordonnés aux G de façon biunivoque.

---

[134] *Les Fondements de l'Arithmétique*, p. 189.
[135] D'un point de vue historique il paraît toutefois plus juste de baptiser ce principe du nom du collègue mathématicien de Frege, Georg Cantor (1845-1919). C'est surtout Cantor qui a généralisé cette idée et en a assuré la fécondité mathématique.

En utilisant ce principe, un maître d'hôtel expérimenté peut rapidement vérifier par exemple si une table compte autant d'assiettes que de verres sans pour cela avoir à les compter: il lui suffit de vérifier qu'à chaque verre correspond exactement une assiette et réciproquement, c'est-à-dire que les verres et les assiettes sont bien ordonnés les uns aux autres "de façon biunivoque". Mais il faut prêter attention au fait que, pour Frege, la relation entre l'identité des nombres et la possibilité d'ordonner les F et les G de façon biunivoque est beaucoup plus étroite que la relation d'équivalence matérielle. Le fait que le nombre cardinal des F = le nombre cardinal des G ne signifie rien d'autre que: les F peuvent être ordonnés aux G de façon biunivoque. Selon Frege, le principe de Hume est constitutif de notre compréhension des équations numériques au sens où il saisit notre précompréhension intuitive des équations numériques. On peut donc lui reconnaître le rôle de critère d'adéquation pour la définition du concept de nombre que nous recherchons. L'adéquation objective de cette définition se mesure au fait que le principe de Hume s'en déduit immédiatement. Frege donne la définition suivante :

"Le nombre cardinal des F = le nombre cardinal des G"
$$=_{\text{déf.}}$$
"Les F peuvent être ordonnés aux G de façon biunivoque."

Selon cette définition, le fragment de phrase "_ peut être ordonné de façon biunivoque _ _" possède le même sens que "le nombre cardinal des _ = le nombre cardinal des _". Et comme dans ce dernier cas le sens du signe d'égalité nous est déjà connu, l'idée de Frege est que cela nous aide à comprendre l'expression restante: "le nombre cardinal des _".

§11 Le problème de César

Frege se fait ici une objection censée montrer que les définitions contextuelles de "le nombre cardinal des F" et de "la direction de a" qui viennent d'être indiquées, pour déterminer de façon satisfaisante le sens de chacune des équations, n'en sont pas moins insuffisantes d'un point de vue explicatif. La difficulté soulevée par Frege a une grande importance tant pour son projet logiciste que pour l'ensemble de sa philosophie des mathématiques. On la trouve discutée dans la littérature secondaire sous le nom de "problème de César".

Les définitions contextuelles, dit Frege, reposent sur le fait que, lorsque les F et les G peuvent être ordonnés les uns aux autres de façon biunivoque (lorsque les droites a et b sont parallèles), on a le droit de remplacer l'expression "le nombre cardinal des F" ("la direction de a") par "le nombre cardinal des G" ("la direction de b") sans préjudice pour la vérité des phrases dans lesquelles cette expression intervient. Le problème est que ces critères d'identité, et donc aussi les définitions qu'ils étayent, ne sont pas toujours applicables. C'est seulement lorsque les nombres cardinaux (les directions) désignés à gauche et à droite du signe d'égalité nous sont déjà donnés *comme* des nombres cardinaux (des directions) que ces critères permettent de trancher des questions d'identité. Grâce à nos définitions, nous pouvons traduire les questions de la forme "Est-ce que le nombre cardinal des F = le nombre cardinal des G?" ("Est-ce que la direction de a = la direction de b?") de la façon suivante: "Les F peuvent-ils être ordonnés aux G de façon biunivoque?" ("Les droites a et b sont-elles parallèles?") Cette possibilité a sa raison dans le fait que, dès la position de la question, on présuppose que ce qui est désigné à gauche et à droite du signe d'égalité, ce sont des nombres ou des directions. Mais les définitions ne nous sont d'aucune aide lorsque cette présupposition fait défaut et que les questions s'énoncent par exemple ainsi: "Est-ce que le nombre cardinal des F = Jules César?", "Est-ce que la direction de a = l'Angleterre?" Pour pouvoir répondre à ces questions il faudrait que nous sachions déjà si César est un nombre cardinal ou l'Angleterre une direction. Si la réponse est oui, nous pouvons appliquer nos critères; si la réponse est non, nous avons déjà répondu à la question de l'identité. Mais les définitions elles-mêmes ne nous permettent pas de décider si César est un nombre ou l'Angleterre une direction[136]. Ces questions, dit Frege, manifestent donc une grande lacune dans la compréhension des désignations de nombre et de direction que nous procurent les définitions contextuelles:

---

[136]D'où la désignation de "problème de César". Contre une proposition de définition présentée antérieurement, Frege a déjà fait valoir dans le Paragraphe 56 que celle-ci ne permettait pas de décider si Jules César était un nombre: "Nous ne pourrons jamais décider avec nos définitions – pour prendre un exemple frappant – si Jules César est un nombre, si ce célèbre conquérant de la Gaule est ou non un nombre." (*Les Fondements de l'Arithmétique*, Paragraphe 56, p. 183.)

"Dans la phrase 'La direction de *a* est identique à la direction de *b*' la direction apparaît comme un objet, et notre définition nous donne un moyen de reconnaître cet objet s'il devait se présenter sous un autre vêtement, par exemple comme direction de *b*. Mais ce moyen ne suffit pas pour tous les cas. Par exemple, il ne permet pas de décider si l'Angleterre est la même chose que la direction de l'axe de la Terre. Qu'on veuille bien excuser cet exemple apparemment dépourvu de sens! Bien sûr, personne ne confondra l'Angleterre avec la direction de l'axe terrestre; mais ce n'est pas grâce à notre explication. Celle-ci ne nous dit rien quant à la question de savoir s'il faut affirmer ou nier la phrase 'La direction de *a* est identique à *q*' lorsque *q* n'est pas lui-même donné sous la forme 'la direction de *b*'."[137]

Aucune de ces définitions contextuelles ne nous permet d' "obtenir un concept rigoureusement délimité de direction, ni, pour les mêmes raisons, de nombre cardinal"[138]. L'obscurité quant à la question de savoir si Jules César tombe sous le concept *nombre cardinal* ou l'Angleterre sous le concept *direction*, est l'expression du caractère vague des deux concepts – et donc du fait qu'ils sont inutilisables pour les sciences. Car la possession de limites rigoureuses est une exigence logique à l'endroit des concepts, laquelle, selon Frege, résulte des lois de la logique et en premier lieu du principe du tiers exclu: *a* tombe sous *F* ou *a* ne tombe pas sous *F* – *tertium non datur*.

§12 La définition explicite de Frege et son recours aux extensions conceptuelles

L'importance du problème de César réside dans le fait que Frege se voit désormais contraint de remplacer l'explication contextuelle fondée sur le principe de Hume par une définition *explicite* qui introduit quelque chose de complètement nouveau dans la discussion – les "extensions" de concepts: nous "essayons [...] un autre chemin. Si la droite *a* est parallèle à la droite *b* alors l'extension du concept 'droite parallèle à la droite *a*' est identique à l'extension du concept 'droite parallèle à la droite *b*'; et réciproquement: si les extensions de ces concepts sont

---

[137] *Les Fondements de l'Arithmétique*, p. 192.
[138] *Ibid.*, p. 193.

identiques alors *a* est parallèle à *b*."[139] Dans un premier temps Frege n'entreprend pas du tout d'expliquer le concept d'extension mais il se contente d'une stipulation. Si les droites *a* et *b* sont parallèles alors elles n'ont pas seulement la même direction mais il faut en outre que les extensions des concepts *droite parallèle à la droite a* et *droite parallèle à la droite b* coïncident. À supposer qu'il soit légitime de parler d'extensions conceptuelles, il est nécessaire que :

La droite *a* est parallèle à la droite *b*
↔
L'extension du concept *droite parallèle à la droite a* = l'extension du concept *droite parallèle à la droite b*.

Ce rapport permet à Frege d'identifier les directions avec les extensions conceptuelles et de stipuler que :

La direction de *a*
$=_{\text{déf.}}$
l'extension du concept *droite parallèle à a*.

En ce qui concerne la définition correspondante du concept de nombre cardinal, Frege abrège "qui peut être ordonné de façon biunivoque" par "équinumérique" et il formule le rapport conceptuel analogue qui vaut pour les nombres cardinaux, celui-ci étant bien sûr ce qui importe réellement pour Frege :

Les *F* sont équinumériques aux *G*
↔
L'extension du concept *Équinumérique avec F* = l'extension du concept *Équinumérique avec G*.

La définition correspondante du concept de nombre cardinal s'énonce ainsi :

Le nombre cardinal des *F*
$=_{\text{déf.}}$
l'extension du concept *Équinumérique avec F*.

---

[139] *Ibid.*, p. 193.

Une extension conceptuelle est la classe de tout ce qui tombe sous le concept en question. Dans le cas de la définition de la direction il s'agit d'objets, à savoir de droites; dans le cas des nombres cardinaux, conformément à cette définition, ce sont des concepts qui constituent l'extension du concept *Équinumérique avec F*. La définition de Frege identifie le nombre cardinal des *F* avec la classe de tous les concepts équinumériques avec *F*. Le concept universel de nombre cardinal est désormais clairement expliqué: "*n* est un nombre cardinal" signifie "Il y a un concept *F* et *n* est le nombre cardinal des *F*".

§13 Les deux conditions qui justifient la définition explicite

Pour être justifiée, la définition à laquelle Frege parvient doit satisfaire deux conditions. Elle doit d'abord satisfaire le critère d'adéquation de Frege: le principe de Hume doit s'en déduire immédiatement. La justification du choix de ce principe comme critère d'adéquation dépend à nouveau de la question de savoir s'il peut servir de fondement à la preuve des lois fondamentales de l'arithmétique et ainsi de toutes les propriétés essentielles des nombres. La seconde condition est que la définition explicite qui recourt aux extensions conceptuelles surmonte la difficulté sur laquelle, selon Frege, la définition contextuelle échoue: on doit montrer qu'elle résout le problème de César. En effet, c'est seulement cet avantage présumé qui a motivé son introduction.

Dès les *Fondements*, Frege présente une argumentation qui vise à satisfaire la première condition. Grâce à sa définition il parvient à dériver de manière non formelle le principe de Hume et sur cette base il donne une esquisse des preuves des lois fondamentales les plus importantes de l'arithmétique. Mais Frege remet à plus tard la considération de la seconde condition qui est au moins aussi importante. Il se contente d'une remarque laconique en note: "Je présuppose que l'on sait ce qu'est l'extension d'un concept."[140] Pourtant, contrairement à ce que suggère cette remarque faite en passant, l'éclaircissement du concept d'extension n'est pas quelque chose d'accessoire. En effet, la définition explicite du nombre cardinal que propose Frege ne résout pas immédiatement le

---

[140] *Ibid.*, p. 194, note.

problème de César, elle ne fait que le ramener aux extensions conceptuelles. Elle ne constituerait une solution qu'à partir du moment où la connaissance présumée du concept d'extension exclurait d'emblée que César soit une telle extension. Mais le montrer exigerait que cette connaissance soit explicitée et expliquée. Or Frege ne nous fournit aucune explication de ce genre dans les *Fondements*. Peut-être pensait-il encore à cette époque disposer de possibilités alternatives pour résoudre le problème de César qui lui auraient permis de renoncer à l'introduction des extensions conceptuelles et aux explications rendues par là même nécessaires. C'est le sens de la remarque suivante dans laquelle Frege commente rétrospectivement sa définition: "Nous avons ici supposé bien connu le sens de l'expression 'extension de concept'. Cette manière de résoudre la difficulté [i.e. le problème de César] ne rencontrera peut-être pas une approbation unanime et beaucoup préféreront la résoudre d'une autre manière. Pour ma part, je n'attache pas non plus une importance décisive à l'introduction de l'extension d'un concept."[141] C'est malheureusement ce qu'il a fini par faire. En dépit de tous les scrupules dont Frege fait montre ici, il en est rapidement venu à penser qu'il était impossible de s'en sortir sans les extensions conceptuelles – les "parcours de valeur" comme il les appelle dans les *Lois Fondamentales* en en généralisant[142] le sens: "Les parcours de valeur ont [...] une importance vraiment fondamentale: je définis donc le nombre cardinal lui-même comme une extension conceptuelle, et les extensions conceptuelles sont de mon point de vue des parcours de valeur. Sans eux, donc, il serait impossible de s'en sortir."[143] La définition explicite de Frege dépend entièrement des extensions conceptuelles auxquelles elle recourt. Comme nous le verrons, elle s'effondre dans la mesure où la manière naïve dont Frege comprend les extensions conceptuelles s'avère contradictoire.

§14 La loi fondamentale V et l'antinomie de Russell

Frege considère qu'il a terminé son travail analytique en donnant l'explication du sens des équations de la forme "Le nombre cardinal des

---

[141] *Ibid.*, p. 227.
[142] Les extensions conceptuelles (les classes) sont une espèce particulière de parcours de valeur, à savoir des parcours de valeurs de fonctions dont les valeurs sont des valeurs de vérité. Voir Chapitre 5, Paragraphe 4.
[143] *Lois Fondamentales de l'Arithmétique*, t. I, p. x.

F = le nombre cardinal des G" grâce au principe de Hume et à son complément que fournit la définition explicite de "le nombre cardinal des F". Dans les Paragraphes qui suivent (70 à 86), il entreprend de montrer qu'une série de lois fondamentales élémentaires de l'arithmétique peuvent être prouvées sur cette base: "Les définitions trouvent leur confirmation dans leur fécondité. [...] Essayons donc de dériver des propriétés bien connues des nombres à partir de notre explication! Nous nous contenterons ici de ce qu'il y a de plus simple."[144] La modestie du propos n'est qu'apparente. Car ce dont Frege se contente en le considérant comme le plus simple comprend les définitions purement logiques de toute une série de concepts fondamentaux de l'arithmétique, parmi lesquels ceux laissés de côté par l'explication de Dedekind: *zéro*, *nombre naturel* et *successeur*. Les conditions dont la preuve des lois fondamentales de Dedekind-Peano requiert la satisfaction se trouvent ainsi satisfaites et Frege montre comment ces dernières peuvent être dérivées de ces définitions à partir de moyens purement logiques[145]. Mais le premier théorème qu'il prouve de façon non formelle dans le Paragraphe 73 en recourant à sa définition explicite du nombre cardinal est le principe de Hume. Cela ne saurait nous surprendre. En effet, comme nous l'avons vu plus haut, Frege considère ce principe comme constitutif de notre compréhension du concept de nombre et pour cette raison il pense que ce principe peut servir de critère d'adéquation. La mise en évidence immédiate du fait qu'un tel principe suit de la définition explicite montre que cette définition est objectivement adéquate. En même temps, la preuve non formelle du principe de Hume est la seule dans laquelle Frege fait usage des extensions conceptuelles, et ce fait a une grande importance. Les esquisses des preuves de toutes les autres lois de l'arithmétique n'en ont pas besoin. Dans les preuves des *Fondements* Frege n'assigne qu'une seule tâche à la définition explicite – et donc aussi au concept d'extension: elle est nécessaire à la preuve du principe de Hume. Pour la preuve de toutes les autres lois fondamentales, Frege ne fait appel qu'au principe de Hume et aux lois de la logique. Pour résumer nous pouvons dire que les preuves non

---

[144] *Les Fondements de l'Arithmétique*, p. 195.
[145] Au sens strict, les lois arithmétiques que Frege prouve de façon non formelle dans les *Fondements* ne correspondent que partiellement aux lois fondamentales de Dedekind-Peano. Elles leur sont toutefois équivalente pour ce qui est en cause.

formelles des *Fondements* s'effectuent à deux niveaux différents: 1) La preuve du principe de Hume s'effectue sur la base de la définition explicite en recourant aux extensions conceptuelles. 2) La preuve des lois fondamentales de Dedekind-Peano s'effectue sur la base du principe de Hume – sans les extensions conceptuelles.

Comme déjà mentionné au début de ce chapitre, les *Fondements* ne sont censés constituer à vrai dire qu'un préalable au maître-ouvrage proprement dit de Frege dans lequel les lois fondamentales de l'arithmétique sont prouvées de manière strictement formelle dans le medium de la conceptographie, ce qui permet de mettre au jour leur statut du point de vue de la théorie de la connaissance. En effet, seule la conceptographie a les moyens de mettre une fois pour toutes en évidence la thèse logiciste de Frege et ainsi le caractère purement analytique de l'arithmétique. Frege a bien sûr fait très attention dans les *Fondements* à n'utiliser[146] dans toutes les définitions que des concepts logiques et à prouver tous les théorèmes en ne recourant qu'à ces définitions et à des principes purement logiques. Mais aussi longtemps que ces définitions ne sont pas formulées dans le vocabulaire de la conceptographie et que les lois fondamentales de Dedekind-Peano ne sont pas dérivées de façon strictement formelle grâce à l'utilisation exclusive des règles conceptographiques, le caractère analytique de l'arithmétique doit demeurer douteux pour Frege. D'où le programme de la prochaine étape que la publication en deux tomes des *Lois Fondamentales de l'Arithmétique* (en 1893 puis en 1903) est censée accomplir. Dans la préface du premier tome Frege écrit: "Dans mes *Fondements de l'Arithmétique* j'ai essayé de donner une vraisemblance à l'idée selon laquelle l'arithmétique est une branche de la logique et qu'elle n'a besoin d'emprunter ni à l'expérience ni à l'intuition un quelconque fondement de preuve. Dans le présent livre, cette idée doit maintenant être éprouvée

---

[146] À vrai dire, peu nombreux seraient aujourd'hui les logiciens et les philosophes pour considérer les extensions conceptuelles comme des objets logiques. Mais avant la découverte de l'antinomie de Russell (voir ci-dessous), il n'y avait aucune raison valable de mettre cela en doute. Les extensions conceptuelles satisfaisaient bien le critère de généralité de Frege et, en dépit du scepticisme qui entourait leur recevabilité fondamentale, ni Frege ni personne au XIX° siècle ne doutaient de leur caractère authentiquement logique (même si, avant Frege, ils étaient sans doute très peu à s'être explicitement posé la question): "Je passe à l'extension conceptuelle. Le terme déjà indique que nous n'avons pas affaire ici au spatial ou au physique, mais au logique. Grâce à nos capacités logiques nous appréhendons l'extension conceptuelle en partant des concepts." (*Écrits Posthumes*, p. 215).

par le fait que les lois fondamentales les plus simples des nombres cardinaux sont dérivées avec des moyens uniquement logiques."[147] Il n'en demeure pas moins que l'effectuation de ces dérivations formelles n'est pas une application de la version de la conceptographie présentée dans le livre du même nom de 1879. Comme nous l'avons vu, sa tentative pour résoudre le problème de César a conduit Frege à introduire une nouvelle espèce d'objets: les extensions conceptuelles. Étant donné que Frege s'est convaincu entre-temps de l'impossibilité de s'en sortir sans elles, une explication satisfaisante des extensions conceptuelles (plus généralement: des "parcours de valeur") est désormais incontournable et la conceptographie doit s'adapter à cette innovation. Frege fournit une part essentielle de cette explication en élargissant sa base axiomatique par l'ajout d'un axiome supplémentaire qui, dans les *Lois Fondamentales*, porte le nom de "loi fondamentale V". Considérée du point de vue de sa teneur essentielle, cette loi formule un critère d'identité pour les extensions conceptuelles:

$$\text{L'extension des } F = \text{l'extension des } G$$
$$\leftrightarrow$$
$$\text{Tous les } F \text{ sont des } G \text{ et réciproquement.}$$

L'introduction de cette nouvelle loi fondamentale a des conséquences désastreuses pour le système logique de Frege. Comme Russell en fait la démonstration en 1902 au grand dam de Frege, cet élargissement permet de dériver une contradiction dans la conceptographie. Les détails de cette dérivation ne retiendront pas ici notre attention, une esquisse rapide de l'idée fondamentale suffit. La loi fondamentale V permet de passer d'un énoncé général portant sur des concepts à un énoncé portant sur la totalité des objets qui tombent sous F – l'extension de F. On présuppose donc que tout concept possède une extension, quand bien même cette extension serait vide, comme c'est le cas par exemple avec le concept de *plus grand nombre premier* ou avec celui de *cercle carré*. C'est cette présupposition que Russell dénonce comme fausse. Les concepts que l'on peut définir dans la théorie de Frege ne possèdent pas tous une extension. En effet, étant donné que les extensions conceptuelles sont des objets, on doit être en droit de se demander si une extension conceptuelle

---

[147] *Lois Fondamentales de l'Arithmétique*, t. I, p. 1.

tombe sous le concept dont elle est l'extension. Si la réponse est oui, elle se contient elle-même; dans l'autre cas, elle ne se contient pas elle-même. L'extension du concept *chat* n'est certainement pas un chat car les extensions conceptuelles ne ronronnent pas. Elle ne se contient donc pas elle-même. En revanche, l'extension du concept *non-chat* est quelque chose qui n'est pas lui-même un chat et qui tombe ainsi sous le concept *non-chat*. Cette extension conceptuelle se contient elle-même. Il semble donc qu'il y ait des extensions conceptuelles qui se contiennent elles-mêmes et d'autres qui ne se contiennent pas. Considérons maintenant l'extension conceptuelle qui rassemble toutes les extensions conceptuelles qui ne se contiennent pas elles-mêmes. Ce qui au premier au coup d'œil ressemble à une extension conceptuelle irréprochable s'avère finalement contradictoire: car si elle se contient elle-même alors par définition elle ne peut pas se contenir elle-même; mais si elle ne se contient pas elle-même alors par définition elle doit se contenir elle-même. C'est la célèbre antinomie de Russell.[148]

Frege a d'abord persisté dans son optimisme. Il était convaincu que sa définition du concept de nombre cardinal était fondamentalement correcte et que la difficulté mise au jour par l'antinomie de Russell à propos du concept d'extension devait pouvoir être surmontée. Dans une postface au second tome des *Lois Fondamentales* rédigée à la hâte il écrit:

"J'aurais volontiers renoncé à ce fondement [les extensions conceptuelles] si j'avais eu connaissance d'un moyen quelconque de le remplacer. Et encore maintenant je ne vois pas comment on pourrait fonder scientifiquement l'arithmétique, comment on pourrait saisir les nombres comme des objets logiques et les prendre en considération s'il n'est pas permis – au moins à titre conditionnel – de passer d'un concept à son extension [...]. Nous pouvons considérer que le problème originaire de l'arithmétique consiste dans la question suivante: comment saisissons-nous des objets logiques? Qu'est-ce qui nous autorise à reconnaître les nombres comme des objets? Si la résolution de ce problème n'a pas encore été poussée aussi loin que je pensais lorsque je

---

[148] Dans la littérature secondaire on rencontre fréquemment aussi la désignation "antinomie de Zermelo-Russell" qui est plus exact d'un point de vue historique. Le logicien Ernst Zermelo (1871-1953) l'avait découverte un peu avant et indépendamment de Russell, mais il ne l'avait pas publiée.

rédigeais ce tome, je ne doute pourtant pas que le chemin qui doit mener à sa solution a été découvert."[149]

Frege finit pourtant par s'avouer vaincu. Il en vint à la conviction que les extensions conceptuelles étaient indispensables à la preuve de la thèse logiciste d'une part, et qu'elles étaient intrinsèquement contradictoires d'autre part. La conséquence était sans appel: la thèse logiciste est intenable.

§15 Le principe de Hume et le théorème de Frege

C'est seulement à une époque récente qu'il est devenu clair que la situation provoquée par l'antinomie de Russell n'était en aucun cas univoque et que l'optimisme initial de Frege n'était pas injustifié. Il a tout d'abord été montré que la fausseté de la loi fondamentale V laisse intacts des résultats cardinaux obtenus par Frege au cours de sa recherche des fondements[150]. À l'exception des modifications rendues nécessaires par l'introduction et la justification formelles des parcours de valeur, les définitions des concepts fondamentaux de l'arithmétique et les preuves des lois fondamentales de Dedekind-Peano que l'on trouve dans le premier tome des *Lois Fondamentales* suivent en grande partie les esquisses des preuves des *Fondements*. Or celles-ci n'utilisent les extensions conceptuelles que pour la dérivation du principe de Hume. Toutes les autres preuves reposent sur le seul principe de Hume et il est très vraisemblable que le système d'axiomes restreint à ce dont on a besoin ici est dépourvu de contradiction. On peut également distinguer deux niveaux dans l'appareil de preuves des *Les Lois Fondamentales*: tout d'abord la preuve du principe de Hume sur la base de la définition explicite du nombre cardinal qui utilise le concept de parcours de valeur désormais devenu problématique; ensuite la preuve des lois fondamentales de Dedekind-Peano sur la seule base du principe de Hume. Il suffit de jeter un coup d'œil aux preuves du second niveau pour voir que Frege fait ici plusieurs fois usage des parcours de valeur. Mais

---

[149] *Lois Fondamentales de l'Arithmétique*, t. II, pp. 253 et 265.
[150] Charles Parsons est le premier à avoir clairement aperçu ce point – avec toutes ses conséquences. Mais c'est seulement l'étude de Wright parue en 1983 qui a conduit à une réévaluation de la philosophie frégéenne des mathématiques.

un examen plus approfondi montre aussi que cet usage n'est pas nécessaire. On peut également reformuler toutes ces preuves sans recourir à ces parcours de valeurs (en suivant le modèle des esquisses de preuves que l'on trouve dans les *Fondements*). Frege est ainsi parvenu à dériver les lois fondamentales de Dedekind-Peano à partir d'une prémisse unique: le principe de Hume. Ce résultat important, la reconduction des cinq lois fondamentales de Dedekind-Peano à un principe unique dont le caractère tout à fait fondamental ne saurait être mis en doute, constitue le "théorème de Frege". En outre, tout porte à croire que Frege s'est parfaitement rendu compte que la loi fondamentale V et le concept de parcours de valeur qui y est associé ne sont nécessaires que pour la preuve du principe de Hume. Dans une lettre de 1910 il fait expressément remarquer qu'il "[fit] un usage […] des extensions conceptuelles plus large qu'il n'était nécessaire pour cette raison que l'on pouvait en attendre de nombreuses simplifications"[151]. Mais il dispose là d'un moyen évident pour riposter à l'antinomie de Russell. La contradiction peut être éliminée en substituant simplement le principe de Hume à la loi fondamentale V qui pose problème. Au lieu de prouver le principe de Hume en recourant au concept de parcours de valeur, nous proposons de le considérer comme un axiome et de contourner ainsi l'introduction des parcours de valeur. Si nous procédons à cette substitution, le destin de la thèse logiciste ne dépend plus que du statut épistémique du principe de Hume. Bien qu'aujourd'hui la plupart des experts mettent en doute le caractère purement logique de ce principe, toujours est-il qu'en faisant ce pas Frege aurait, pour reprendre la formule de Boole, "troqué un vague espoir philosophique contre un succès mathématique éclatant. Pas une mauvaise affaire."[152] Mais une question se pose alors: pourquoi diable Frege ne l'a-t-il pas fait? Une partie de la réponse est sans doute que ce succès mathématique n'aurait présenté qu'une bien maigre consolation devant l'échec de son projet philosophique. Car la substitution du principe de Hume à la loi fondamentale V a beau résoudre les problèmes formels soulevés par l'antinomie de Russell, elle ne résout pas la difficulté philosophique qui

---

[151] *Correspondance Scientifique*. In Gabriel 1976: p. 121.
[152] Boolos, George (1997). "The Consistency of Frege's Foundation of Arithmetics". In Demoupolos, William, éd. (1997). *Frege's Philosophy of Mathematics*. Cambridge, Massachusetts, p. 232. Voir également dans le même ouvrage collectif: Heck, Richard (1997). "The Development of Arithmetic in Frege's *Grundsetze der Arithmetik*".

a conduit Frege à introduire les extensions conceptuelles, à savoir le problème de César. Il faut bien se rappeler que dans les *Fondements* Frege écarte la définition contextuelle qu'il a d'abord examinée de "le nombre cardinal de *F*" sous prétexte qu'elle ne nous permettrait pas de décider (au moins en principe) des équations telles que "le nombre cardinal des *F* = Jules César". C'est là que réside la difficulté fondamentale.

Il reste à retenir que le projet de Frege n'a pas échoué sur un problème formel. D'un point de vue mathématique, la mise en évidence de la dérivabilité logique de larges pans des mathématiques à partir du principe de Hume constitue un résultat scientifique de première importance. Le problème de César s'est posé lorsqu'il s'est agi de répondre à une question philosophique: comment des nombres nous sont-ils donnés? Plus généralement: comment des objets logiques nous sont-ils donnés? C'est là, Frege y insiste, le "problème originaire de l'arithmétique": "C'est seulement parce que, pour traiter des nombres, il me fallait un moyen d'introduire des objets d'une manière purement logique que je me suis décidé à admettre le passage des concepts (qui sont des fonctions) aux extensions conceptuelles ou classes, qui sont des objets."[153] La loi fondamentale V a en quelque sorte pour fonction de faire le pont. Elle paraît légitimer "d'une manière purement logique" le passage des énoncés qui portent sur des *concepts* aux énoncés qui portent sur des *objets* nécessairement connectés avec ces concepts. La solution suggère ainsi que nous découvrons des objets pour les concepts qui sont leurs extensions: "Au moyen de nos capacités logiques nous appréhendons l'extension conceptuelle en partant des concepts."[154] C'est de cette manière que Frege s'est d'abord représenté la chose. Mais la contradiction a montré que la loi fondamentale V ne peut pas remplir cette fonction de pont. Frege s'est finalement convaincu de l'impossibilité pour aucun principe, même plus faible, de remplir cette fonction d'une manière philosophiquement satisfaisante car l'idée d'une extension conceptuelle (tel est son dernier diagnostic) reposerait sur une illusion linguistique[155]. Finalement, c'est ce problème de théorie de la

---

[153] *Correspondance Scientifique*. In Gabriel 1976: p. 121, note 13.
[154] *Écrits Posthumes*, p. 215. Voir *Correspondance Scientifique*. In Gabriel 1976: p. 121.
[155] Voir Chapitre 6, Paragraphe 2.

connaissance que Frege n'a pas su résoudre de façon satisfaisante et sur lequel il considère que le logicisme a échoué.

Chapitre 5. La philosophie de la logique de Frege: la "référence"

Dans les chapitres précédents nous nous sommes concentrés sur le projet logiciste de Frege. Désormais, dans le présent chapitre ainsi que dans les suivants, nous allons considérer sa philosophie de la logique.

§1 La légitimation sémantique des règles de conclusion

Une règle de conclusion valide doit garantir que de prémisses vraies ne suivent jamais que des conclusions vraies. Déterminer si une règle satisfait ou non cette condition va souvent de soi. En outre, de nombreuses règles de conclusion sont, comme le dit Frege, des axiomes transformés en "prescriptions de la pensée" dont la validité est censée être manifeste. Comme dans leur choix des axiomes, les prédécesseurs de Frege ont choisi leurs règles de conclusion en se fiant la plupart du temps à leur validité intuitive. Mais ici pas plus qu'ailleurs Frege ne peut s'en tenir à de pures et simples intuition s'il veut mener à bien son projet. Même à propos de règles de conclusion qui paraissent évidentes, il est nécessaire d' "interroger […] la nature de cette évidence pour déterminer si elle est logique ou intuitive."[156] Frege doit montrer dans le cours de la fondation de sa thèse logiciste que les règles qu'il utilise dans la conceptographie sont valides pour des raisons purement logiques.

Il y parvient en s'appuyant sur la considération suivante. Dans un argument valide l'être-vrai des prémisses rend nécessaire l'être-vrai de la conclusion pour cette raison que les facteurs qui déterminent la vérité des prémisses rendent en même temps vraie la conclusion. L'objectif doit donc être de formuler les lois de ces facteurs qui déterminent la vérité – les "lois de l'être-vrai"[157]. Dans la mesure où la généralité indépassable est une caractéristique nécessaire de ce qui est logique, on ne considèrera plus désormais que ces lois dont la vérité est indépendante du contenu *particulier* des prémisses et de la conclusion. Elles doivent être générales de telle sorte qu'on puisse les appliquer à tous les arguments, quel que

---

[156] *Les Fondements de l'Arithmétique*, p. 214.
[157] *Écrits Posthumes*, p. 152.

soit le domaine du savoir dont relèvent leurs prémisses et leurs conclusions. Des règles de conclusion générales en ce sens et conservant la vérité satisferaient au moins les conditions nécessaires que doivent satisfaire des lois purement logiques. Il est vrai que, dans la mesure où l'on ne dispose pas d'un critère nécessaire et suffisant pour séparer ce qui est logique de ce qui n'est pas logique, une certaine imprécision persiste encore ici. Mais cela n'exclut pas que des règles de conclusion déterminées, comme par exemple la règle de séparation de Frege[158], présentent des occurrences univoques et certaines d'un mode de conclusion authentiquement logique (tout comme l'imprécision du concept *chauve* n'exclut pas que l'on puisse s'accorder sur des cas d'application clairs).

Une théorie générale de la manière dont est déterminée la vérité ou la fausseté d'une phrase assertorique est souvent appelée aujourd'hui une "sémantique". Frege peut s'enorgueillir d'avoir développé pour la première fois dans l'histoire de la logique une théorie sémantique pour une langue et d'avoir ainsi posé les fondements d'une théorie générale de la validité logique[159]. Encore faut-il prendre garde au fait que sa sémantique se rapporte directement et primitivement à la seule conceptographie. La manière dont Frege fonde le caractère purement logique de la règle de séparation qui légitime le passage des prémisses "$p \rightarrow q$" et "p" à la conclusion "q" montre à quoi peut ressembler une telle sémantique et ce qu'elle est censée apporter. Demandons-nous de quels facteurs dépend la vérité de "$p \rightarrow q$" et si ces facteurs, joints à la vérité de "p", déterminent en même temps aussi la vérité de la conclusion "q". À quelles conditions un conditionnel "$p \rightarrow q$" est-il vrai? Frege stipule que "$p \rightarrow q$" n'est faux que lorsque l'antécédent "p" est vrai et que le conséquent "q" est faux. Dans tous les autres cas un tel conditionnel est vrai. La vérité ou la fausseté de "$p \rightarrow q$" ne dépend donc que de la vérité ou de la fausseté des phrases partielles "p" et "q". Si avec Frege nous appelons l'être-vrai ou l'être-faux d'une phrase assertorique ses deux

---

[158] Voir Chapitre 3, Paragraphe 7.
[159] Ici, comme ailleurs dans ce livre, j'utilise l'expression " sémantique"(qu'il s'agisse du substantif ou de l'adjectif) dans le sens strict qui vient d'être explicité. D'autres auteurs l'utilisent souvent dans un sens beaucoup plus large, à peu près comme synonyme de "théorie de la signification" [*Bedeutungstheorie*], au sens de théorie globale de ce que veut dire comprendre. En revanche, telle que je l'entends, l'expression "sémantique" correspond à ce que Frege entend par "théorie de la référence" [*Theorie der Bedeutung*].

"valeurs de vérité" possibles, et si nous abrégeons son être-vrai par "V" et son être-faux par "F", alors, pour les deux phrases "*p*" et "*q*", il y a exactement quatre distributions possibles des valeurs de vérité:

1) "*p*" et "*q*" sont tous les deux vrais	VV
2) "*p*" est faux, "*q*" est vrai	FV
3) "*p*" est vrai, "*q*" est faux	VF
4) "*p*" et "*q*" sont tous les deux faux	FF

De cette explication de Frege selon laquelle "$p \to q$" est vrai lorsque le cas 3 (VF) n'apparaît pas[160], il résulte que la règle de séparation est valide pour des raisons générales. En effet, si la prémisse "$p \to q$" est vraie il est par définition exclu que "*p*" soit vrai et que "*q*" soit faux (VF). Mais si la seconde prémisse "*p*" possède elle aussi la valeur de vérité V alors, parmi les trois combinaisons possibles qui restent – VV, FV, FF – deux sont à leur tour exclues: FV et FF. Il ne reste que le cas 1 (VV) qui n'accorde à "*q*" qu'une seule valeur de vérité: V. On a ainsi montré que "*q*" *doit nécessairement* être vrai dès lors que "$p \to q$" et "*p*" sont vrais. Chaque prémisse restreint un peu plus l'espace des possibilités de telle sorte qu'à la fin il ne reste nulle autre valeur que V pour la conclusion – et cela avec le plus haut degré de généralité, indépendamment du sens particulier des phrases partielles "*p*" et "*q*".

§2 Le principe *salva veritate* et le principe de réalité

Comment généraliser et systématiser une telle preuve de la validité de la règle de séparation? Nous recherchons une théorie générale de la manière dont une phrase assertorique conceptographique est déterminée comme vraie ou fausse par les expressions qui la composent et la nature de leur connexion – et par là même aussi la valeur de vérité de la conclusion d'un argument dans lequel cette phrase assertorique est une prémisse. Les expressions dont peut se composer une phrase conceptographique se répartissent en trois catégories grammaticales: les noms propres, les termes conceptuels et (dans les structures de phrase

---

[160] *Lois Fondamentales de l'Arithmétique*, t. I, Paragraphes 12 et 14.

telles que "$p \to q$") les phrases assertoriques complètes[161]. L'objectif est de découvrir les propriétés de ces expressions qui en elles-mêmes sont nécessaires et qui, considérées avec les propriétés sémantiques aussi bien des autres éléments de la phrase que de leur mode de connexion, sont également suffisantes pour déterminer comme vraie ou fausse une phrase assertorique dans laquelle ces expressions interviennent. S'en déduit le principe général selon lequel, dans toute phrase assertorique, les porteurs de telles propriétés peuvent être remplacés par d'autres expressions pourvues de la même propriété sémantique sans préjudice pour la valeur de vérité de la phrase – "*salva veritate*" comme on dit pour abréger[162]. En effet, si c'est en vertu des propriétés sémantiques propres à chacune des expressions qui composent la phrase que celle-ci est déterminée comme vraie ou fausse, la pure et simple modification de l'expression, dès lors qu'elle conserve la propriété sémantique en question, ne peut jamais faire qu'une phrase assertorique vraie devienne fausse et inversement. Ce principe abstrait – nous pouvons l'appeler "principe *salva veritate*" – peut donc servir de test pour fixer les propriétés sémantiques: une modification de la valeur de vérité prouve que ces propriétés sémantiques ne sont pas les mêmes.

Mais Frege subordonne ce principe à une intuition beaucoup plus concrète, à savoir sa conviction fondamentale que nous nous tenons devant un monde qui existe en grande partie indépendamment de nous et que c'est en définitive ce monde qui fait que nos phrases sont vraies ou fausses. Nous pouvons appeler cette thèse le "principe de réalité"[163]. Le monde est ce dont nous parlons et ainsi la valeur de vérité de la phrase "Vienne est une ville" dépend seulement de la question de savoir si l'objet auquel renvoie le sujet (ici la capitale autrichienne) possède la propriété d'être une ville. La présupposition de son être-vrai est qu'avec

---

[161] En fait, comme nous le verrons dans le Paragraphe 5, les termes conceptuels ne sont, dans la sémantique de la maturité de Frege, qu'une sorte particulièrement importante de "noms de fonction", et les phrases assertoriques qui peuvent se présenter comme des parties de structures de phrase, qu' une sorte particulièrement importante de noms propres.

[162] Voir "Sens et Référence". In Imbert 1994: p. 111.

[163] Le principe de réalité (comme nous le verrons encore au Chapitre 6, Paragraphe 3) jouit d'une primauté sur le principe *salva veritate* dans la mesure où les intuitions de Frege quant au domaine d'objet de notre discours l'amènent à distinguer différents contextes (discours habituel, citation et discours indirect) qui n'autorise à chaque fois une application du test *salva veritate* qu'à l'intérieur du même contexte.

le nom propre "Vienne" nous parvenons effectivement à nous confronter à la réalité et à désigner une ville – et non pas seulement par exemple une représentation subjective de cette ville car sinon la phrase assertorique serait fausse: aucune représentation n'est une ville.

§3 Objet, valeur de vérité et concept

Essayons donc de nous servir du principe *salva veritate* ainsi que du principe de réalité pour découvrir les propriétés sémantiques des noms propres, des prédicats et des phrases assertoriques. Commençons par les noms propres. Pour que s'exerce l'influence du monde qui, selon le principe de réalité, détermine les valeurs de vérité, un nom propre doit se rapporter à quelque chose dans ce monde. La propriété qu'un nom propre *doit nécessairement* avoir pour pouvoir contribuer à la valeur de vérité d'une phrase assertorique dans laquelle il intervient consiste, pour Frege, dans le fait de se rapporter à un objet déterminé, le porteur du nom. Dans la phrase "Vienne est une ville", le nom propre "Vienne" désigne l'objet à propos duquel quelque chose est dit. Telle est sa contribution à la détermination de la valeur de vérité de "Vienne est une ville". Par conséquent, en ce qui concerne les noms propres, le principe de réalité suggère de tenir pour sémantiquement décisif leur rapport à un objet déterminé (dans notre exemple la ville de Vienne). Cette suggestion est-elle en accord avec le principe *salva veritate*? Oui, car mis à part certains contextes exceptionnels qui n'interviennent pas dans la conceptographie de Frege (mais qui pourraient intervenir dans une version étendue[164]), il est possible de remplacer *salva veritate* tous les noms propres qui, dans une phrase assertorique conceptographique de la forme "Fa", désignent le même objet que "a". Tant que le rapport à l'objet reste identique, la valeur de vérité ne peut pas changer.

Retenons que le rapport à un objet déterminé, le porteur du nom, est la propriété sémantique des noms propres que nous recherchions. Dans la mesure où la possession de cette propriété est par définition nécessaire, mais également suffisante, pour la détermination de la valeur de vérité dès lors que nous joignons cette propriété aux propriétés sémantiques des autres éléments de la phrase ainsi qu'à la nature de leur connexion, deux conséquences importantes s'ensuivent: si une phrase assertorique est

---

[164] Voir Chapitre 6, Paragraphe 3.

vraie ou fausse alors tous les noms propres qu'elle contient se rapportent effectivement à des objets. Au contraire, si un nom propre ne se rapporte pas à un objet alors toute phrase dans laquelle il intervient est dépourvue de valeur de vérité.

Considérons maintenant les phrases assertoriques. Quelle propriété doit posséder une phrase assertorique pour déterminer comme vraie ou fausse une structure de phrase dont elle fait partie? Dans la conceptographie valent comme des structures de phrase des phrases de la forme "$p \to q$" et "$\neg p$", mais aussi des généralisations telles que "$(\forall x)(Fx)$" que nous pouvons interpréter d'un point de vue sémantique comme des conjonctions (parfois infinies) de leurs instanciations "Fa & Fb & Fc ..."[165]. Nous pouvons alors stipuler de façon générale que la valeur de vérité d'une structure de phrase conceptographique n'est déterminée que par la valeur de vérité des phrases qui la composent et la nature de leur composition: "$p \to q$" est vrai lorsqu'il n'est pas le cas que "p" est vrai mais "q" faux; "$\neg p$" est vrai lorsque "p" est faux[166]; et "$(\forall x)(Fx)$" est vrai lorsque toutes les phrases qui le composent sont vraies. On obtient ainsi la caractéristique sémantique recherchée de toutes les phrases assertoriques, à savoir leur propriété d'avoir l'une des deux valeurs de vérité. Si l'on fait abstraction des contextes exceptionnels déjà mentionnés ci-dessus, on peut rapidement se convaincre que le test *salva veritate* confirme ce résultat. Si dans une structure de phrase conceptographique nous substituons à une phrase partielle vraie une autre pareillement vraie, ou à une phrase partielle fausse une autre pareillement fausse, la valeur de vérité de la structure de phrase d'ensemble demeure inchangée.

Restent les termes conceptuels. En quoi consiste exactement leur contribution sémantique à la détermination de la valeur de vérité d'une phrase? Dans "Vienne est une ville", dit Frege, nous ne parlons pas seulement du porteur du nom propre "Vienne", c'est-à-dire la ville de Vienne, nous parlons aussi du concept *ville* sous lequel l'objet Vienne auquel se rapporte le sujet doit nécessairement tomber si la phrase est censée être vraie[167]. De façon générale, une phrase de la forme "Fa" est

---

[165] Je simplifie un peu ici. Il faut prendre garde au fait que ces conjonctions, en dépit de leur équivalence sémantique, ne s'accordent pas du point de vue de leur contenu (c'est-à-dire du point de vue de leur sens frégéen, voir Chapitre 7 et *Écrits Posthumes*, pp. 252 et suivantes.
[166] *Conceptographie*, pp. 24-25.
[167] Voir *Écrits Posthumes*, pp. 228 et suivantes.

vraie lorsque l'objet désigné par "*a*" tombe sous le concept désigné par le terme conceptuel "*F*". D'un point de vue sémantique les concepts sont donc aux termes conceptuels ce que les objets sont aux noms propres. Mais alors que nous avons des intuitions à peu près claires de ce qu'est le porteur d'un nom propre, notre précompréhension des concepts est très vague. Frege peut bien y rattacher à titre d'explication notre compréhension quotidienne de "propriété", cela ne change pas grand-chose: "Les concepts sous lesquels tombe un objet, je les appelle les propriétés de cet objet."[168] Certes, se trouve ainsi souligné le fait que les concepts ne sont rien de subjectif pour Frege mais que, à l'instar des propriétés, ils sont autant d'éléments constitutifs de la réalité dont nous parlons. Mais dans le même temps se trouve dissimulé le fait que la manière dont Frege comprend le mot "concept" est marquée par des critères sémantiques et que donc, au-delà de ce point commun, cette compréhension ne s'accorde pas avec le concept intuitif de propriété. Le point décisif est celui-ci: les termes conceptuels contribuent à la détermination de la valeur de vérité des phrases dans lesquelles ils interviennent. Nous le découvrons grâce au test *salva veritate*. À quelles conditions un terme conceptuel "*G*" peut-il être substitué à un terme conceptuel "*F*" dans toutes les phrases assertoriques conceptographiques où il intervient, sans préjudice pour leur valeur de vérité? Précisément lorsque tous les objets qui tombent sous le concept *F* tombent également sous *G*, et réciproquement. Avant la découverte de l'antinomie de Russell, Frege a cru pouvoir encore se servir du concept d'extension conceptuelle pour la formulation de ce critère. Dans "toute phrase, des termes conceptuels peuvent se remplacer l'un l'autre si leur correspond la même extension conceptuelle. [...] De même, par conséquent, que des noms propres du même objet peuvent se remplacer l'un l'autre sans préjudice pour la vérité, de même des termes conceptuels peuvent le faire si l'extension conceptuelle est la même."[169] Il semble donc que la propriété sémantique des termes conceptuels que nous recherchons consiste dans le fait de tenir lieu d'une extension conceptuelle déterminée. Le test *salva veritate* nous suggère même d'identifier les concepts avec les extensions conceptuelles. Les concepts, au sens sémantique pertinent ici, ne seraient-ils rien d'autre que des

---

[168] "Concept et Objet". In Imbert 1994: p. 137.
[169] *Écrits Posthumes*, pp. 139-140.

extensions conceptuelles ? Non, car sinon, dit Frege, les concepts seraient une espèce particulière d'objets, ce qu'ils ne sont justement pas d'après leur essence: ainsi "on oublierait de remarquer que les extensions conceptuelles sont des objets et non des concepts"[170]. Frege se souvient de son principe de la distinction logique catégoriale entre concepts et objets à laquelle correspond au niveau linguistique la différence entre termes conceptuels et noms propres. Seuls des noms propres peuvent tenir lieu d'objets et seuls des termes conceptuels peuvent tenir lieu de concepts. Le résultat du test *salva veritate* nous permet donc seulement de conclure que le critère d'identité pour les concepts consiste dans l'égalité de leur extension: un concept F et un concept G sont identiques lorsqu'ils possèdent la même extension, c'est-à-dire lorsque les mêmes objets tombent sous eux[171]. On comprend dès lors pourquoi la manière dont Frege comprend sémantiquement les concepts ne coïncide pas avec le concept intuitif de propriété. En effet, du point de vue de notre compréhension quotidienne la propriété par exemple d'être un être possédant un rein diffère de la propriété d'être un être possédant un cœur. Toutefois, dans la mesure où leur extension est la même – tous les êtres possédant un cœur sont des êtres possédant un rein et réciproquement – Frege considère que nous n'avons ici que deux expressions distinctes du même concept.

Bien que beaucoup de ces idées se trouvent déjà implicitement dans la *Conceptographie* et dans les *Fondements*, c'est seulement dans une série d'articles parus au début des années quatre-vingt dix que Frege a systématisé et affiné sa sémantique. Il y introduit la terminologie suivante à laquelle il faut s'habituer. L'objet désigné par un nom propre Frege l'appelle la "référence" de ce nom propre, tout comme il appelle "référence" d'un terme conceptuel le concept que celui désigne et "référence" d'une phrase assertorique la valeur de vérité que celle-ci désigne. Les expressions "réfèrent" à leur "référence" respective (au sens technique que Frege donne à ce mot). Ou plutôt, comme je l'écrirai dorénavant par souci de concision et pour éviter toute ambiguïté, elles

---

[170] *Écrits Posthumes*, p. 140.
[171] Mais il faut faire attention en parlant d' "identité" dans la mesure où, selon Frege, la distinction catégoriale entre concepts et objets a aussi cette conséquence que les concepts et les objets ne peuvent jamais entretenir les mêmes relations. L'identité au niveau des objets n'est donc pas la même chose que l'identité au niveau des concepts, et l'utilisation du même mot ("identité") est une source d'erreur potentielle: "On ne peut parler d'égalité (identité) qu'à propos des objets." (*Écrits Posthumes*, p. 216).

réfèrent$_F$ à leur référence$_F$. Dans "Vienne est une ville" la capitale autrichienne est donc la référence$_F$ de "Vienne", le concept *ville* est la référence$_F$ du terme conceptuel "( ) est une ville", et la phrase assertorique elle-même, dans la mesure où elle est vraie, réfère$_F$ à la valeur de vérité – "le vrai" comme dit Frege. Si elle était fausse elle réfèrerait$_F$ à la fausseté – "le faux". Toutes les phrases assertoriques vraies réfèrent$_F$ à la même chose, au vrai, et toutes celles qui sont fausses réfèrent$_F$ au faux.

Nous pouvons résumer dans cette terminologie les résultats obtenus jusqu'à présent. Deux noms propres ont la même référence$_F$ lorsqu'ils désignent le même objet; deux termes conceptuels réfèrent$_F$ au même concept lorsqu'ils ont la même extension; et deux phrases assertoriques ont la même référence$_F$ lorsque soit les deux sont vraies soit les deux sont fausses. Nous pouvons présenter ces relations sémantiques de la façon suivante ("↓" doit se lire "réfère$_F$ à" ou "désigne") :

Phrase assertorique	Nom propre	Terme conceptuel
↓	↓	↓
Référence$_F$: valeur de vérité	Référence$_F$: objet	Référence$_F$: concept

Dans la mesure où les références$_F$ des membres de phrase et la nature de leur connexion déterminent la valeur de vérité des phrases assertoriques, dans la mesure également où les valeurs de vérité sont les références$_F$ des phrases assertoriques, il faut en outre faire valoir le principe de compositionnalité de la référence$_F$: la référence$_F$ d'une phrase assertorique n'est déterminée que par les références$_F$ des désignations[172] qui interviennent en elle et par la nature de leur composition. Par conséquent, si dans une phrase assertorique un nom propre, une expression de fonction ou une phrase (partielle) n'ont aucune référence$_F$, cette phrase est sans référence$_F$, c'est-à-dire qu'elle n'a aucune valeur de vérité.

---

[172] La restriction aux expressions désignatives est nécessaire car toutes les expressions dans la phrase n'ont pas pour fonction de tenir lieu de quelque chose. C'est ainsi que, par exemple, les lettres dans la conceptographie servent à exprimer la généralité. Elles ne désignent rien (n'ont aucune référence$_F$).

§4 Argument et fonction

En élaborant sa sémantique au début des années quatre-vingt dix, Frege reprend la distinction qu'il a faite dans la *Conceptographie* de 1879 entre "argument" et "fonction". Cette distinction était alors censée se substituer à la division traditionnelle en sujet et prédicat. Avec le terme "fonction" Frege fait allusion à un concept fondamental de l'analyse (mathématique) qu'il précise et enrichit à des fins logiques. Considérons la liste suivante d'expressions de calcul:

$$2 \times 1^3 + 1$$
$$2 \times 4^3 + 4$$
$$2 \times 5^3 + 5$$

Frege considère que nous avons ici un nom propre (complexe) respectivement pour les nombres 3, 132 et 255. Un mathématicien décrirait de la façon suivante ce que ces expressions ont en commun: nous avons ici "la même fonction [...] seulement avec des arguments différents, à savoir 1, 4 et 5"[173]. Les signes numériques "1", "4" et "5" désignent les arguments respectifs alors que l'expression qui demeure à chaque fois inchangée tient lieu de la fonction. Pour faire apparaître plus clairement cette désignation de la fonction nous éliminons toutes les occurrences des noms propres "1", "4" et "5", et nous marquons par des parenthèses les places ainsi laissées vides qui indiquent la place des arguments. Il ne reste plus que trois occurrences de: $2 \times (\ )^3 + (\ )$.

La notation avec les parenthèses permet d'expliciter trois choses. Tout d'abord, nous comprenons aussitôt ce que Frege veut dire lorsqu'il appelle "incomplètes", "insaturées" ou "exigeant un complément" aussi bien les expressions que les fonctions que celles-ci désignent. Contrairement à un nom propre et à son objet, aussi bien l'expression de la fonction que la fonction qu'elle désigne ont des "places vides" qui exigent d'être remplies. Deuxièmement, l'ajout de parenthèses de différentes formes (parenthèses proprement dites, crochets, accolades) permet d'indiquer différentes expressions de fonction[174]. Ainsi "$2 \times (\ )^3 +$

---

[173] "Fonction et Concept". Imbert 1994: p. 84.
[174] Frege utilise à cette même fin les signes grecs "ξ" et "ζ" dans les *Lois Fondamentales* (*Lois Fondamentales de l'Arithmétique*, t. I, Paragraphe 1). Dans la mesure où ils ne signalent que les places des arguments qui doivent toujours être remplies dans les preuves, "ξ" et "ζ" n'appartiennent pas au vocabulaire de la conceptographie, ils

( )" n'est pas la même expression de fonction que "2 × ( )³ + [ ]" car l'utilisation à deux reprises des parenthèses dans "2 × ( )³ + ( )" indique que les deux places vides doivent être remplies par la même expression, alors que l'utilisation des crochets dans "2 × ( )³ + [ ]" signale que des instanciations différentes sont permises. On indique ainsi que, contrairement à "2 × ( )³ + ( )", "2 × ( )³ + [ ]" désigne une fonction à deux arguments. Troisièmement, cette différence montre que ni "2 × ( )³ + [ ]" ni "2 × ( )³ + ( )" ne sont au sens strict des éléments littéraux des expressions de calcul de notre liste initiale dont on pourrait les séparer. Car les parenthèses (ou les autres signes qui servent à marquer l'insaturation) n'apparaissent dans aucune de ces trois expressions initiales. On peut bien sûr reconnaître l'expression de fonction dans cette liste, mais cette expression ne constitue pas une partie authentique de la liste, comme le sont au contraire les signes numériques qui y figurent. On peut dire que "2 × ( )³ + [ ]" et "2 × ( )³ + ( )" "peuvent être distingués dans cette liste mais non pas séparés"[175]. Une expression de fonction est ainsi bien plutôt quelque chose comme un modèle reconnaissable qui peut être commun à plusieurs expressions: "Il en ressort que l'essence de la fonction réside *dans ce qu'il y a de commun à ces expressions.*"[176] Si dans "2 × ( )³ + ( )" nous remplissons les places vides de façon uniforme (les mêmes signes pour les parenthèses de même forme) et successivement avec des signes numériques quelconques, par exemple "0", "6" et "13", nous obtenons à chaque fois quelque chose de saturé, à savoir les noms propres "2 × 0³ + 0", "2 × 6³ + 6" et "2 × 13³ + 13". Il en va de même au niveau des références$_F$: la saturation de la fonction donne quelque chose d'indépendant, à savoir les nombres 0, 438 et 4407. Ces nombres sont les "valeurs" de notre fonction pour les arguments 0, 6 et 13 car $2 × 0^3 + 0 = 0$, $2 × 6^3 + 6 = 438$ et $2 × 13^3 + 13 = 4407$. Si maintenant nous considérons chaque argument comme la coordonnée *x* et la valeur de fonction correspondante comme la coordonnée *y* d'un

---

ne sont qu'une aide à laquelle on recourt dans l'explication des signes et des règles, ainsi que dans les commentaires de chaque étape d'une preuve (voir les *Lois Fondamentales de l'Arithmétique*, t. I, note 6). Il en va naturellement de même pour les parenthèses que j'utilise.

[175] "Über die Grundlagen der Geometrie. II" ["Sur les Fondements de la Géométrie. II"] In Angelelli 1967: p. 372, note 5.

[176] "Fonction et Concept". In Imbert 1994: p. 84.

point dans un système de coordonnées cartésien, nous obtenons une courbe. Celle-ci rend intuitif, dit Frege, le "parcours de valeur" de la fonction que désigne "$2 \times (\ )^3 + (\ )$".

L'explication du terme "fonction" que l'on vient de donner explicite le sens qu'a cette expression dans l'analyse (mathématique) – ou du moins celle qui devrait y être la sienne selon Frege. Afin de rendre également féconds pour la logique les termes "fonction", "argument" et "valeur", Frege en étend le sens au-delà du domaine de l'analyse (mathématique). Il propose que ce ne soient pas seulement les signes numériques mais n'importe quels noms propres sémantiquement complexes qui puissent être décomposés en une expression d'argument et une expression de fonction, et compris comme désignant une valeur de fonction. Si par exemple nous éliminons le nom propre "Suède" contenu dans "la capitale de la Suède", il ne reste plus que l'expression de fonction "la capitale de ( )" à partir de laquelle, en ajoutant l'expression d'argument "Suède", on puisse obtenir un nom propre de valeur de fonction pour l'argument Suède. Cette valeur est la ville de Stockholm. Du point de vue du contenu, la formulation est la suivante: Stockholm est la valeur de la fonction *la capitale de ( )* avec pour argument le pays Suède. Au sens strict, l'expression de fonction est également ce qu'ont en commun ici, par exemple, les noms propres complexes "la capitale de la Chine", "la capitale du Pérou" et "la capitale de l'Autriche", la fonction désignée fournissant comme valeur pour l'argument Chine, la ville de Pékin, pour l'argument Pérou, Lima, et pour l'Autriche, Vienne. Mais Frege effectue un pas supplémentaire. On peut obtenir des expressions de fonction non seulement à partir de noms propres complexes mais aussi à partir de phrases assertoriques. Si nous éliminons le nom propre "Vienne" dans la phrase assertorique "Vienne est une ville", il reste l'expression de fonction "( ) est une ville". L'expression de fonction est ce qu'ont en commun, par exemple, les phrases assertoriques "Vienne est une ville", "La France est une ville" et "La Lune est une ville". Mais quelles sont les valeurs de la fonction ainsi désignée? Quelle valeur possède la fonction *( ) est une ville* pour les arguments Vienne, la France et la Lune ? Au niveau linguistique, l'expression de fonction complétée par les noms propres "Vienne", "la France" et "la Lune" constituent à chaque fois une phrase assertorique que nous pouvons comprendre d'après Frege comme une espèce particulière de nom propre, à savoir comme le nom propre de sa valeur de vérité. Nous avons déjà vu que toute phrase assertorique vraie désigne le (réfère$_F$ au) vrai et que toute phrase assertorique fausse désigne le (réfère_F au) faux. Étant donné que Vienne est effectivement une ville, le nom propre que constitue la phrase "Vienne est une ville" désigne le (réfère_F au) vrai, tandis que les deux autres noms propres de la liste, lesquels sont eux aussi des phrases, désignent le (réfèrent_F au) faux dans la mesure où ni la France ni la Lune ne sont des villes. Les phrases assertoriques sont donc des noms propres de valeurs de vérité ou, comme nous pouvons également le dire dans la terminologie de Frege, ce sont des "noms de valeur de vérité". La relation entre une phrase assertorique et sa référence_F (sa valeur de vérité) est donc la même que celle entre un nom propre et son porteur.

§5 Les concepts sont des fonctions, les valeurs de vérité sont des objets

Dans la préface de sa *Conceptographie*, Frege recommande de substituer à la division traditionnelle en sujet et prédicat, celle en fonction et argument. Il ajoute la remarque suivante: "On voit facilement comment saisir un contenu comme la fonction d'un argument a pour effet de constituer des concepts."[177] Frege veut dire par là que chaque expression de fonction que nous obtenons en opérant différentes décompositions de la même phrase assertorique désigne un concept différent. Dans les *Fondements* Frege explicite la manière dont ces décompositions "constituent des concepts":

"Si dans la phrase 'La Terre a une masse supérieure à celle de la Lune' nous en séparons 'la Terre', nous obtenons le concept 'qui a une masse supérieure à celle de la Lune'. Si en revanche nous en séparons l'objet 'la Lune', nous obtenons le concept 'qui a une masse inférieure à celle de la Terre'. Mais si nous en séparons les deux à la fois, il nous reste un concept de relation qui, pris isolément, a tout aussi peu de sens qu'un simple concept: il exige toujours un complément pour devenir un contenu pouvant faire l'objet d'un jugement. Or ce complément peut être apporté de plusieurs manières: à la place de Terre et Lune je peux mettre, par exemple, Soleil et Terre, et c'est ainsi que se produit justement la séparation."[178]

---

[177] *Conceptographie*, p. 9.
[178] *Les Fondements de l'Arithmétique*, p. 196.

Comme c'est malheureusement souvent le cas dans ses premiers écrits, Frege ne distingue pas très précisément ici le niveau linguistique et le niveau du contenu. Ce qu'il veut dire n'en est pas moins clair. Dans son exemple une décomposition en objet et concept correspond au niveau du contenu à la décomposition en expression d'argument et expression de fonction. Si dans la phrase "La Terre a une masse supérieure à celle de la Lune" nous éliminons l'expression "la Terre", nous obtenons l'expression de fonction "( ) a une masse supérieure à celle de la Lune" qui désigne le concept *qui a une masse supérieure à celle de la Lune*. Si au lieu de cela nous supprimons "la Lune", il reste l'expression de fonction "La Terre a une masse supérieure à celle de [ ]" qui désigne le concept *qui a une masse inférieure à celle de la Terre*. Si pour finir nous en séparons les deux noms propres, il reste l'expression de fonction "( ) a plus de masse que [ ]" qui tient lieu du concept de relation *a une masse supérieure à celle de.*

Or il est également clair que les termes conceptuels ne sont rien d'autre qu'une espèce particulière d'expressions de fonction. Leur particularité consiste dans le fait qu'ils doivent toujours être complétés pour constituer des phrases. De la même manière, les concepts de Frege ne sont qu'une espèce particulière de fonctions, à savoir des fonctions dont la valeur est toujours une valeur de vérité: "Nous voyons donc le rapport étroit qui existe entre ce que l'on appelle concept en logique et ce que nous appelons fonction. On pourra même aller jusqu'à dire tout simplement: un concept est une fonction dont la valeur est toujours une valeur de vérité"[179]. Mais Frege entend réserver la désignation de "concept" aux fonctions dont la valeur est toujours une valeur de vérité mais qui n'ont qu'un seul argument. Il appelle "relations"[180] les fonctions à deux arguments dont la valeur est une valeur de vérité. L'extension d'un concept est donc le "parcours de valeurs d'une fonction dont la valeur pour tout argument est une valeur de vérité"[181]. La grammaire de la conceptographie se trouve ainsi grandement simplifiée. Les expressions pertinentes d'un point de vue sémantique se divisent seulement en deux catégories: les noms propres (dont la complexité varie et parmi lesquels on compte les phrases assertoriques) qui désignent

---

[179] "Fonction et Concept". In Imbert 1994: p. 90.
[180] *Ibid.*, p. 99.
[181] *Ibid.*, p. 90.

(réfèrent_F à) des objets, et les expressions de fonction (dont la complexité varie et parmi lesquelles on compte les termes conceptuels) qui désignent (réfèrent_F à) des fonctions. Mais l'élégance et la simplicité ainsi obtenues ont leur prix. La proposition de Frege de comprendre les concepts comme des cas spéciaux de fonctions implique que le terme conceptuel saturé – la phrase assertorique qui résulte de la saturation – tienne lieu de la valeur de fonction respective, c'est-à-dire de l'une des deux valeurs de vérité; et étant donné que les valeurs de fonction sont pour Frege des objets, nous devons classer les phrases assertoriques comme les noms propres de leurs valeurs de vérité: "Toute phrase assertorique [...] doit donc être comprise comme un nom propre".[182] Par exemple, en tant qu'elles sont des noms propres, des phrases assertoriques peuvent occuper des places d'argument à droite et à gauche du signe d'identité, "( ) = [ ]": "Vienne est une ville = la neige est blanche" constitue pour Frege une équation vraie qui affirme que les deux phrases réfèrent_F au même objet. Étant donné que les deux sont vraies, elles réfèrent_F au vrai.

En comprenant les phrases assertoriques comme des noms propres, et de manière correspondante les valeurs de vérité comme des objets, Frege s'est attiré bon nombre de critiques car dans un contexte de communication les phrases assertoriques ne semblent justement pas servir à désigner quelque chose – en tout cas rien de remarquable comme des valeurs de vérité. Nous les utilisons d'abord pour exprimer nos convictions et nos jugements, donc pour formuler des assertions. Qui exprime une phrase assertorique, avec (comme le dit Frege) "une force assertorique", ne veut rien désigner mais il entend proposer une pensée comme vraie[183]. Cependant, en faisant cette critique on en vient souvent à oublier que c'est *seulement d'un point de vue sémantique* que pour Frege les phrases assertoriques se comportent comme des noms propres. Autrement dit, c'est seulement dans la mesure où elles servent à déterminer la valeur de vérité d'une structure de phrase dans laquelle elles interviennent au titre d'expressions partielles. En tant que phrases partielles de structures de phrase, elles contribuent (comme toutes les autres membres de phrase) à la détermination de la valeur de vérité de l'expression d'ensemble, et cela – c'est la thèse de Frege – à la manière d'un nom propre pris au sens le plus large. Dans une langue dans

---

[182] "Sens et Référence". In Imbert 1994: p. 110.
[183] Voir Chapitre 8, Paragraphe 9.

laquelle il serait impossible de constituer des structures de phrase, il n'y aurait pas non plus de raison d'attribuer des propriétés sémantiques aux phrases assertoriques. Mais les phrases qui, dans une énonciation concrète, ne contribuent pas à la détermination de la valeur de vérité d'une structure de phrase d'ensemble, mais qui assertent quelque chose, ne réfèrent$_F$ pas non plus à quelque chose pour Frege[184]. Il en vient donc dans les *Lois Fondamentales* à distinguer graphiquement et terminologiquement les "noms de valeurs de vérité" que constituent des phrases, lesquels contribuent à la détermination de la valeur de vérité d'une structure de phrase d'ensemble et réfèrent$_F$ à des valeurs de vérité, et les "phrases de la conceptographie" proprement dites qui ne réfèrent$_F$ à rien mais qui assertent quelque chose[185].

§6 Concepts de degré supérieur et relations entre concepts

Dans la mesure où les concepts ne sont qu'une espèce particulière de fonctions, nous pouvons étendre le principe déjà plusieurs fois mentionné de la distinction catégoriale entre concepts et objets pour affirmer le principe de la distinction catégoriale entre fonctions et objets et généraliser l'explication donnée dans le Chapitre 4[186]. Une expression de fonction ne peut jamais remplir de façon sensée la place laissée vide par l'élimination d'un nom propre, et un nom propre ne peut jamais être inséré de façon sensée là où initialement il y avait une expression de fonction. Étant donné que seuls des objets tombent sous des concepts, il est tout autant absurde d'un point de vue logique de dire "(la fonction G) tombe sous la fonction F" que de dire "l'objet a tombe sous l'objet b". Ce à quoi correspond au niveau du contenu le fait qu'une fonction ne peut jamais jouer le rôle d'un objet et que les objets et les fonctions n'entrent jamais dans les mêmes relations. Un gouffre tout aussi infranchissable que celui qui sépare les objets et les fonctions sépare les fonctions de degrés différents. À l'instar de la première, cette différence n'est pas non plus le résultat de stipulations arbitraires "mais est profondément ancrée dans la nature des choses."[187] Les fonctions considérées au Paragraphe 5 sont toutes de degré 1, c'est-à-dire que leurs arguments sont des objets et les expressions de fonction qui leur

---

[184] Voir "Fonction et Concept". In Imbert 1994: p. 94, note.
[185] Voir *Lois Fondamentales de l'Arithmétique*, t. I, Paragraphe 5.
[186] Voir Chapitre 4, Paragraphe 2.
[187] "Fonction et Concept". In Imbert 1994: p. 101.

correspondent sont obtenues par élimination des noms propres. Mais nous avons déjà rencontré dans le Chapitre 4 une expression de fonction de degré 2 constituée par élimination d'une expression de fonction contenue en elle (en l'occurrence un terme conceptuel): "le nombre cardinal de _ ". La place vide exige ici d'être saturée par un terme conceptuel et non par un nom propre. Ce qui est désigné par l'expression "le nombre cardinal de _ " (sa référence$_F$) est une fonction de degré 2 dont les arguments sont des fonctions de degré 1. Un autre exemple de fonction de degré 2 est le terme conceptuel "_ sont rares". Ici aussi la place de l'argument doit être saturée par une expression de fonction de degré 1, par exemple "Yeti". Dans "Les Yetis sont rares" quelque chose est dit à propos du concept *Yeti*, à savoir qu'il n'y a que quelques objets qui tombent sous lui.

Les termes conceptuels de degré 1 correspondent aux propriétés d'un objet, ceux de degré 2 correspondent aux propriétés des concepts de degré 1. La raison pour laquelle Frege attache une importance particulière à l'existence de concepts de degré supérieur est évidente si nous nous souvenons d'une thèse centrale des *Fondements* qui constitue un pas décisif dans l'analyse du concept de nombre cardinal: "L'indication d'un nombre contient un énoncé à propos d'un concept"[188]. Ainsi, dans la phrase "Vénus a 0 lune », il est dit du concept *lune de Vénus* qu'aucun objet ne tombe sous lui. Afin de souligner le fait que la phrase traite d'un concept nous pouvons également écrire "Le nombre cardinal 0 revient au concept *lune de Vénus*". Ce qui d'un point de vue sémantique revient à dire "Le concept *lune de Vénus* est vide". Il est dit ici d'un concept de degré 1, *lune de Vénus*, qu'il tombe *dans* un concept de degré 2, à savoir dans celui de l'*être-vide* désigné par "_ est vide": "Le concept *lune de Vénus* tombe dans le concept *être-vide*". La relation *tomber dans* qu'un concept de degré *n* entretient avec un concept de degré *n* + 1 est analogue à la relation *tomber sous* qu'entretient un objet avec un concept de degré 1[189]. Il est cependant nécessaire de les distinguer rigoureusement. Étant donné qu'à la place de "Le concept *lune*

---

[188] Voir Chapitre 4, Paragraphe 3.
[189] Pour souligner cette analogie Frege dit aussi parfois qu'un concept ne tombe pas *dans* mais *sous* un autre (Voir "Concept et Objet". In Imbert 1994: p. 136). Toutefois, au sens strict, cette manière de parler soulève des objections dans la mesure où elle suggère à tort que les objets et les concepts peuvent entretenir une relation non seulement analogue mais identique.

de Vénus est vide" nous pourrions tout aussi bien dire "Il n'y a aucune lune de Vénus" ou "Les lunes de Vénus n'existent pas", il est clair en outre qu'avec des énoncés d'existence il est également dit qu'un concept de degré 1 tombe dans un concept de degré 2. Étant donné qu'avec les phrases d'existence il est donc question d'un rapport entre concepts et non pas d'objets, pour signifier quelque chose une phrase telle que "Dieu (n') existe (pas)" doit également être comprise comme traitant, non de l'objet Dieu (il s'agirait alors bien de son existence), mais du concept *Dieu*. Ou bien cette phrase n'affirme rien de plus que "Il (n') y a (auc)un Dieu" et alors ici "Dieu" fonctionne (l'article indéterminé l'indique) comme un terme conceptuel; ou bien la phrase est dépourvue de sens pour des raisons logiques[190]. Cette relation entre un concept de degré 1 et un concept de degré 2 ne doit pas être confondue avec la relation de subordination entre des concepts de même degré. Dans "Toutes les métropoles sont des villes" il est dit que le concept d'une métropole est subordonné à celui d'une ville. Pour résumer nous devons distinguer trois relations logiques. Premièrement, la subsomption d'un objet sous un concept (de degré 1) telle qu'on la trouve exprimée avec une phrase de la forme "Fa" ou "a tombe sous F". Deuxièmement, l'analogue de la subsomption pour les concepts, c'est-à-dire le rapport entre un concept de degré 1 et un concept de degré 2 de la forme "Le concept G de degré 1 tombe dans le concept H de degré 2". Troisièmement, la relation de subordination entre concepts de même degré: "Tous les F sont G" ou "Le concept F est subordonné au concept G".

---

[190] C'est là qu'échoue pour Frege la "preuve ontologique de l'existence de Dieu" qui remonte à Anselm de Canterbury (1033/4-1109). Anselm s'est trompé en considérant que "Dieu", dans "Dieu existe", devait être compris comme un nom propre, ou "existe" comme un prédicat de degré 1.

Chapitre 6. Déficiences logiques et autres complications des langues naturelles

§1 Déficiences logiques et contextes modifiant la référence$_F$

La conceptographie doit être "une langue formulaire de la pensée pure" dans laquelle les contenus pertinents pour l'activité logique de conclure (et seulement eux) trouvent une expression plus précise que dans les langues verbales. La question de savoir si un argument est valide dépend des propriétés sémantiques des phrases qui le constituent et la théorie de la référence$_F$ de Frege explicite les facteurs sémantiques sur le fondement desquels une phrase est déterminée comme vraie ou fausse. Pour reprendre les termes de Frege, cette théorie explicite "sous quelles conditions [une phrase] réfère au vrai"[191]. La grammaire de la conceptographie, ses règles et ses formes de constitution des phrases est telle que les conditions de vérité d'une phrase résultent sans ambiguïté de sa structure grammaticale. En ce sens, les expressions conceptographiques doivent refléter les relations sémantiques avec la plus grande clarté possible. C'est avant tout en cela que consiste la transparence exigée par Frege d'une présentation conceptographique. Sa théorie de la référence$_F$ ne se rapporte directement et prioritairement qu'à la conceptographie dans la mesure où il considère que les imperfections logiques des langues naturelles ne permettent pas de formuler pour elles une sémantique cohérente. Dans les premiers paragraphes de ce chapitre, nous discuterons deux aspects qui illustrent ces déficiences logiques des langues naturelles, à savoir d'une part leur propension à constituer des expressions logiquement trompeuses même si non complètement dépourvues de sens, d'autre part la possibilité tout aussi fatale d'un point de vue logique de former dans les langues naturelles des expressions "vides" qui ne désignent rien. Il est impossible de rien conclure à partir de phrases contenant des expressions vides et Frege considère que l'utilisation de telles expressions disqualifie toute théorie scientifique dans laquelle elles interviennent. Il faut exiger d'une conceptographie qu'elle évite ces deux écueils. À la fin de ce chapitre nous considèrerons

---

[191] *Lois Fondamentales de l'Arithmétique*, t. I, Paragraphe 32.

le phénomène des contextes qui modifient la référence$_F$. Frege les discute pour trois raisons principales. Premièrement, ils permettent de formuler des objections importantes contre sa théorie de la référence$_F$, lesquelles l'amènent à compléter et à préciser sa pensée. Deuxièmement, ces contextes qui modifient la référence$_F$ constituent un phénomène qui, pour ne jouer aucun rôle dans le projet logiciste de Frege, devrait toutefois être pris en compte dans le cas de certaines extensions du vocabulaire conceptographique à d'autres fins. Nous pouvons d'ores et déjà reconnaître que Frege ne considère pas les contextes modifiant la référence$_F$ comme une imperfection mais comme une complication linguistique qu'une sémantique doit expliquer. Troisièmement, l'existence de tels contextes montre que l'explication sémantique d'un certain nombre de conclusions oblige à reconnaître une nouvelle espèce d'objets.

§2 Les rigidités de la langue: "Le concept cheval n'est pas un concept"

Frege considère que les noms propres sont essentiellement des désignations d'objet. Dans la mesure où ils désignent quelque chose en général, ils tiennent lieu d'objets. En revanche, la référence$_F$ d'un terme conceptuel (dans la mesure où il en a une) est essentiellement un concept. En liaison avec le principe de la distinction catégoriale entre objets et concepts, l'application stricte de ces principes conduit à un paradoxe que Frege attribue à l'imperfection logique des langues naturelles et qu'il est prêt à accepter comme une "rigidité inévitable de la langue". Ce paradoxe consiste dans une assertion qui paraît d'abord absurde, à savoir que le concept *cheval* n'est pas un concept[192].

Comment Frege peut-il affirmer que le concept *cheval* n'est pas un concept alors que la ville de Vienne est assurément une ville, et le volcan du Vésuve, un volcan? C'est que l'expression en position de sujet dans le phrase "Le concept *cheval* est un concept", si nous l'interprétons sur le modèle des expressions de sujet que l'on trouve dans les phrases "La ville de Vienne est une ville" ou "Le volcan du Vésuve est un volcan", constitue une désignation d'objet – un nom propre – et non pas un terme conceptuel. Ces deux dernières phrases ont la forme logique "Fa": il est dit que l'objet désigné par le nom propre "a" tombe sous le concept

---
[192] Voir "Concept et Objet". In Imbert 1994: p. 131.

désigné par "*F*". Mais l'interprétation analogue de la phrase "Le concept *cheval* est un concept", laquelle revient à faire comme si elle exprimait un tel rapport de subsomption, impliquerait que le terme en position de sujet "le concept *cheval*" constitue une désignation d'objet dont la référence$_F$ (dans la mesure où il en a une) ne pourrait donc pas être un concept. Si par conséquent nous en venions à attribuer la forme logique "*Fa*" à la phrase "Le concept *cheval* est un concept" alors, dit Frege, cette phrase ne pourrait en aucun cas être vraie. Cette argumentation fait clairement voir que pour Frege il existe un parallèle strict entre le classement d'une expression parmi les noms propres ou parmi les termes conceptuels (plus généralement: parmi les expressions de fonction) et la propriété sémantique qu'a cette expression de désigner un objet ou un concept (plus généralement: une fonction). C'est la raison pour laquelle Frege classe les expressions linguistiques à partir de critères purement logiques. La relation logique fondamentale consiste dans le fait qu'un objet tombe sous un concept: "*Fa*". Des expressions peuvent donc jouer deux rôles fondamentaux dans une phrase: ou bien elles désignent un objet *a* ou bien elles désignent un concept *F* sous lequel l'objet tombe. Les expressions qui jouent le premier rôle, Frege les appelle des "noms propres", et celles qui jouent le second rôle, des "termes conceptuels". Une expression qui, d'un point de vue logique, se comporte comme un nom propre en est également un; et une expression qui joue dans une phrase le rôle logique d'un terme conceptuel en est aussi un. De surcroît, il faut prêter attention au fait qu'il existe pour Frege un rapport direct entre la fonction logique d'une expression dans une phrase et ses propriétés sémantiques. Les propriétés sémantiques des expressions expliquent les propriétés logiques des phrases dans lesquelles elles interviennent. En ce sens la théorie de la référence$_F$ est pour Frege la théorie proprement dite de la logique. Une expression ne peut jouer son rôle logique de nom propre ou de terme conceptuel qu'en vertu de certaines propriétés sémantiques. Si dans une phrase "*a*" a la fonction logique d'un nom propre, sa référence$_F$ est un objet; et si dans une phrase "*F*" fonctionne comme un terme conceptuel, sa référence$_F$ est nécessairement un concept. Des noms propres qui désigneraient des concepts, tout comme des termes conceptuels qui tiendraient lieu d'objets, sont autant d'absurdités logiques pour Frege.

Si l'on parle du "rôle logique" d'une expression dans une phrase, c'est pour expliciter le fait que son classement parmi les noms propres ou parmi les termes conceptuels n'est jamais fixé une fois pour toute mais que cela dépend de la fonction qui est à chaque fois la sienne dans la phrase. Dans les langues naturelles tout du moins, la même expression peut fonctionner comme un nom propre dans une phrase et comme un terme conceptuel dans une autre. Dans "Vienne est une ville", "Vienne" joue son rôle standard de nom propre de Vienne; dans "Paris n'est pas Vienne", la même expression fonctionne comme un terme conceptuel. Si donc nous comprenons la phrase "Le concept *cheval* est un concept" sur le modèle de "La ville de Vienne est une ville", c'est-à-dire comme un énoncé à propos d'un objet, cette phrase est nécessairement fausse – voire complément dépourvue de sens. Car le terme conceptuel "… est un concept" doit nécessairement être de degré 2 s'il doit valoir pour les concepts, il ne peut donc être complété que par un terme conceptuel s'il doit constituer une phrase sensée. Mais si nous comprenons "le concept *cheval*" comme un nom propre, nous saturons un terme conceptuel de degré 2 avec un nom propre. Le résultat est une absurdité logique. Par conséquent, au sens strict, ce ne sont pas seulement les expressions comme "le concept *F*" qui sont fautives, ce sont aussi les termes conceptuels comme "… est un concept" car "en tant que les mots 'est un concept' exigent un nom propre comme sujet grammatical […] ce qui est exigé par là, c'est une véritable contradiction, puisqu'aucun nom propre ne peut désigner un concept; ou peut-être mieux encore, un non-sens."[193] Qui succombe à la tentation (suscitée par la forme extérieure de la phrase) de comprendre "Le concept *cheval* est un concept" sur le modèle d'une phrase de la forme "*Fa*" manque sa structure logique en traitant comme un objet ce qui n'en est pas un: "En introduisant explicitement le mot 'concept' nous ouvrons la possibilité de phrases de la forme '*A* est un concept' où *A* est un nom propre. Nous avons donc donné la marque d'un objet à ce qui, d'une nature complètement différente, est l'exact opposé d'un objet. […] Mais la langue nous oblige à de telles inexactitudes et nous ne pouvons rien faire d'autre que les garder sans cesse présentes à l'esprit, si nous ne voulons pas tomber dans l'erreur et effacer la limite précise entre concept et objet."[194] La langue me contraint "avec une force à laquelle il est à peu près impossible d'échapper, à une expression inadéquate"[195] et ainsi il arrive que "parfois mon expression,

---

[193] *Écrits Posthumes*, p. 210.
[194] *Ibid.*, p. 230.
[195] *Ibid.*, p. 141.

prise à la lettre, trahi[sse] la pensée dans la mesure où un objet est nommé alors que ce qui est visé c'est un concept"[196]. Cela ne signifie naturellement pas que nous ne puissions rien dire du tout des concepts pris au sens strict. Nous le faisons constamment, par exemple lorsque dans une phrase de la forme "Fa" nous considérons qu'un objet a tombe sous un concept F. Frege veut seulement dire que ce n'est pas en nous servant d'un nom propre que nous pouvons parler des concepts. Il vaut mieux recourir à l'expression "ce à quoi réfère$_F$ le terme conceptuel 'cheval'". Car même si cette expression peut être mise en position de sujet ("Ce à quoi réfère$_F$ le terme conceptuel 'cheval' est un concept" est une phrase vraie), elle n'est pas un nom propre. Elle tient bien plutôt lieu de terme conceptuel comme le montre l'usage suivant: "Bucéphale est ce à quoi réfère$_F$ le terme conceptuel 'cheval'". Selon Frege, cette phrase affirme essentiellement la même chose que "Bucéphale est un cheval".

L'avertissement de Frege selon lequel on doit "comprendre de façon tout à fait littéral" une phrase telle que "Le concept *cheval* est un concept" revient donc à la recommandation suivante: au lieu de concevoir cette phrase sur le modèle de "La ville de Vienne est une ville", nous devons l'interpréter comme une formulation (plus ou moins) maladroite de "Ce à quoi réfère$_F$ le terme conceptuel 'cheval' est un concept". Frege lui-même ne trouverait rien à redire à cette manière de comprendre la phrase dans la mesure où, selon cette interprétation, celle-ci n'affirme pas qu'un objet tombe *sous* un concept (de degré 1) mais elle affirme qu'un concept tombe *dans* un concept de degré 2 – ce qui est logiquement irréprochable et qui plus est vrai.

§3 Absence de référence$_F$ et "fiction"

Dans le paragraphe précédent nous avons rencontré un exemple qui montre combien certaines formes verbales dans les langues naturelles menacent de brouiller une distinction logique aussi profonde que celle entre concept et objet. Dans un fragment rédigé peu avant sa mort, Frege ramène l'échec de l'œuvre de sa vie à un autre mirage suscité par les langues naturelles et qu'il n'a reconnu comme tel que trop tard:

---

[196] "Concept et Objet". In Imbert 1994: p. 140.

"Une propriété de la langue, néfaste pour la fiabilité de l'action de penser, est sa propension à créer des noms propres auxquels nul objet ne correspond [...]. Un exemple particulièrement remarquable en est la formation d'un nom propre sur le modèle de 'l'extension du concept a', par exemple 'l'extension du concept étoile fixe'. Du fait de l'article défini cette expression semble désigner un objet; mais aucun objet ne saurait être ainsi désigné dans la langue. De là sont nés les paradoxes qui ont ruiné la théorie des ensembles. J'ai moi-même succombé à cette illusion dans ma tentative de fondation logique des nombres en voulant les comprendre comme des ensembles."[197]

Frege fait ici allusion à l'introduction des ensembles (des classes), plus généralement des "parcours de valeur", qui a été fatale à son projet logiciste. Afin de les désigner, il a complété le vocabulaire de la première version de la conceptographie (celle de 1879) en ajoutant les noms de parcours de valeur auxquels correspondent, dans le cas des parcours de valeur de concept, des expressions de la forme "l'extension du concept F". Comme le prouve la citation, Frege en est finalement venu à penser que la théorie des ensembles résulte d'une illusion linguistique, à savoir de la possibilité qu'offrent les langues naturelles de former des noms propres de la forme "l'extension du concept F" qui prétendent désigner des ensembles (des classes). Mais cette tentative échoue car, comme Frege a fini par s'en convaincre, ces expressions visent inévitablement dans le vide. Frege a toujours défendu l'idée que des noms propres vides ne sont d'aucune utilité dans les sciences. Au sens strict, il ne s'agirait même pas de noms propres mais seulement de "pseudo-noms propres" qui ne font que prétendre désigner un objet: "Car dans la science un nom propre a pour but de désigner un objet de façon déterminée; si ce but n'est pas atteint le nom propre n'a aucune justification dans la science. Ce qu'il en est dans l'usage linguistique quotidien ne nous regarde pas ici."[198] Comme le montre cette dernière remarque, Frege sait très bien que l'on utilise fréquemment des noms propres vides "dans l'usage linguistique quotidien". Nous racontons à nos enfants l'histoire du Père Noël, nous leur lisons l'histoire de Blanche-Neige. Que ce soit à la télévision ou au théâtre, il est

---

[197] *Écrits Posthumes*, p. 318.
[198] *Ibid.*, p. 211.

constamment question de lieux et de personnes qui n'ont jamais existé, d'événements qui n'ont jamais eu lieu. Mais, dit Frege, en tant que scientifiques cela ne nous concerne en rien aussi longtemps qu'avec ces énonciations on ne se propose pas d'exprimer des vérités. Frege distingue l'usage "fictif" de la langue qui vise à produire un effet esthétique ou à distraire, de son usage "scientifique", lequel doit avant tout servir à exprimer des vérités. Les mots que prononce sur scène un récitant ou un comédien n'ont pas la même portée dans la bouche d'un scientifique en train de présenter les résultats de ses recherches au cours d'une conférence.

Frege explicite la différence entre chacune de ces deux dispositions en opposant fiction et vérité, jeu et sérieux, apparence et être. Il y a dans la fiction un usage ludique de la langue caractéristique visant la production d'une apparence esthétique, alors que dans les sciences (comme aussi, la plupart du temps, dans la vie quotidienne) nous utilisons les phrases assertoriques à des fins avant tout "sérieuses" et communiquons des informations sur ce qui est le cas: "L'art de la fiction a cette particularité, qu'il partage, par exemple, avec la peinture, de garder les yeux fixés sur l'apparence. Dans la fiction les assertions ne doivent pas être prises au sérieux comme dans la science: ce ne sont que des pseudo-pensées. Si le *Don Carlos* de Schiller devait être compris comme un livre d'histoire alors ce drame, dans une large mesure, serait faux. Mais une œuvre de fiction ne doit pas du tout être prise ainsi au sérieux; c'est un jeu. Les noms propres y sont aussi des pseudo-noms propres même s'il correspondent aux noms de personnages historiques; ils ne doivent pas être pris au sérieux."[199] Dans cette perspective, la question de la référence$_F$ des expressions qu'un comédien utilise sur scène ne se pose plus du tout: "Dans la fiction et dans les récits légendaires [...] il nous est indifférent de savoir si, par exemple, le nom 'Odyssée' possède une référence (ou comme on a l'habitude de le dire: si Odyssée est un personnage historique), cela ne nous importe pas si notre seule intention est de prendre plaisir à la fiction."[200] Mais il arrive parfois que Frege décrive un peu différemment la présente situation. Le comédien (le poète, le récitant) peut très bien ne pas chercher à désigner quelque chose en énonçant "*Fa*" et dans cette mesure il peut lui être tout

---

[199] *Écrits Posthumes*, p. 154.
[200] *Correspondance Scientifique*. In Gabriel 1976: p. 235.

à fait indifférent de savoir si les expressions "*F*" et "*a*" qu'il utilise ont une référence$_F$. Mais si elles ont une référence$_F$ alors il désigne bien quelque chose *nolens volens*. Dans ce cas, en énonçant "*Fa*" le comédien ne se rapporte peut-être pas à l'objet *a* et au concept *F* mais les mots "*F*" et "*a*" qu'il a choisis le font. S'il devait arriver en outre que l'objet *a* tombe sous le concept *F* alors "*Fa*" exprimerait même une vérité[201]. Les deux descriptions convergent cependant sur un point. En aucun cas le comédien n'*asserte* que *Fa* car les assertions simulées sont tout aussi peu des assertions que les jugements simulés d'un tribunal sont des jugements pourvus d'une efficace juridique. Frege considère que l'énonciation sur scène d'une phrase assertorique se distingue au moins en cela de son utilisation standard. En effet, en règle générale, l'énonciation d'une phrase assertorique sert à poser une assertion – à moins de circonstances particulières.

Il y a des cas célèbres dans l'histoire des sciences où des noms propres ont été introduits sans succès pour désigner un objet. Il suffit de penser à la thèse qui voulait qu'une planète appelée "Vulcain" existât sur l'orbite de Mercure. En introduisant ce nom propre les scientifiques de l'époque se sont "égaré[s], sans le savoir et sans le vouloir, dans le domaine de la fiction."[202] Frege considère que pour qu'une phrase exprime une vérité (ou une fausseté) il faut nécessairement que tous les noms propres qui s'y trouvent utilisés désignent quelque chose. Étant donné que la contribution sémantique d'un nom propre à la détermination de la valeur de vérité consiste dans le fait de désigner un objet, un pseudo-nom propre est une roue tournant à vide dans l'engrenage sémantique. Dans les phrases vraies ou fausses tous les noms propres se rapportent avec succès à des objets. À l'inverse, si un nom propre ne se rapporte pas à un objet alors toute phrase dans laquelle il intervient est sans valeur de vérité. Celle-ci n'est ni vraie ni fausse. Dans la mesure où la valeur de vérité est la référence$_F$ d'une phrase, on a seulement là une occurrence particulière du principe de compositionnalité de la référence$_F$. De façon générale, "la référence se révèle partout être ce qu'il y a d'essentiel pour la science". C'est d'abord vrai pour la science de l'être-vrai, la logique: un "nom propre qui ne désigne rien n'a aucune justification en logique car en logique il s'agit de

---

[201] Voir par exemple: *Écrits Posthumes*, p. 228.
[202] "La Pensée". In Imbert 1994: p. 183.

vérité au sens le plus strict du terme"[203]. Nous devons donc "considérer la référence des termes comme ce qui est essentiel pour la logique" et nous rendre compte que "les lois logiques sont d'abord des lois dans le royaume des références"[204]. Il s'ensuit qu'un déficit sémantique rend inutilisable une preuve et que "toute sa force de preuve en dépend [dépend du fait que les désignations qui s'y trouvent utilisées aient une référence$_F$]"[205]. Une phrase avec (au moins) un nom propre vide ne peut constituer ni la prémisse ni la conclusion d'un argument valide car "une phrase dans laquelle se présente un nom propre dépourvu de référence [...] se trouve [...] à l'extérieur du domaine sur lequel s'appliquent les lois logiques."[206] Les lois logiques ne s'appliquent d'aucune manière aux phrases sémantiquement défectueuses. C'est la raison pour laquelle la phrase "Vulcain est la planète la plus proche du soleil ou elle n'est pas la planète la plus proche du soleil" ne tombe pas non plus sous la loi du tiers exclu. Elle n'exprime aucune vérité logique pour cette raison qu'elle n'exprime absolument aucune vérité.

Jusqu'à présent il a seulement été question du fait que les phrases dans lesquelles se présentent des noms propres sans référence$_F$ sont elles-mêmes dépourvues de référence$_F$. Il en va naturellement de même des expressions de fonction en général et des termes conceptuels en particulier: tout "nom de fonction doit nécessairement avoir une référence"[207]. Il n'en demeure pas moins que, d'un point de vue logique, les concepts sous lesquels aucun objet ne tombe, et qui en ce sens sont vides, sont parfaitement admis. L'exemple "Il n'y a aucune lune de Vénus" nous a permis de voir que l'on peut très bien dire quelque chose de vrai à propos d'un concept, quand bien même celui-ci serait vide. Pour cette même raison un concept contradictoire tel que *cercle carré* ne présente aucun danger et il doit donc être reconnu comme un terme conceptuel pourvu d'une référence$_F$. Ne sont irrecevables d'un point de vue logico-sémantique que les concepts *vagues* à propos desquels il y a au moins un objet dont la subsomption est indéterminée:

---

[203] "Kritische Beleuchtung einiger Punkte in E. Schröders Vorlesungen über die Algebra der Logik" ["Éclaircissement Critique sur quelques points à propos les Leçons de E. Schröder touchant à l'Algèbre de la Logique"]. In Patzig 1966: p. 453.
[204] *Écrits Posthumes*, p.145.
[205] *Ibid.*, p.146.
[206] *Ibid.*, p. 213.
[207] *Lois Fondamentales de l'Arithmétique*, t. II, Paragraphe 65.

"Le concept doit être précisément délimité. On peut bien vouloir se représenter les concepts rapportés à leur extension comme des clôtures sur une plaine, il n'en demeure pas moins qu'il s'agit là d'une métaphore à n'utiliser qu'avec précaution. À un concept non précisément délimité correspondrait une clôture dont le tracé manquerait parfois de précision et qui parfois viendrait à s'estomper complètement. Au sens strict, il ne s'agirait pas du tout d'une clôture; et c'est ainsi que l'on appelle à tort concept un concept imprécis. La logique ne peut reconnaître comme concepts de telles images d'allure conceptuelle; il est impossible d'établir pour ces images des lois exactes. À vrai dire, la loi du tiers exclu n'est, sous une autre forme, que l'exigence pour tout concept d'être précisément délimité. Un objet quelconque Δ ou bien tombe sous le concept Φ ou bien ne tombe pas sous lui: *tertium non datur*."[208]

L'exigence que les concepts soient précisément délimités est ce que les lois logiques présupposent pour pouvoir être appliquées, en particulier le principe du tiers exclu. Ainsi, il est clair que des concepts notoirement vagues comme *tas* ou *chauve* sont tout aussi peu pour Frege de véritables concepts que les animaux en peluche, de véritables animaux. Pour reprendre une formule alambiquée de Frege, ils peuvent au mieux avoir la valeur d'"images d'allure conceptuelle". D'un point de vue sémantique, le caractère vague est aux concepts ce que l'absence d'un objet de référence est aux noms propres. Il s'ensuit, en vertu du principe de compositionnalité de la référence$_F$, que toutes les phrases dans lesquelles se présentent des désignations pour des concepts vagues n'ont aucune valeur de vérité. À l'inverse, tout concept admissible d'un point de vue logico-sémantique (il en va de même pour les fonctions en général) doit nécessairement avoir une valeur pour n'importe quel argument, quand bien même nous ne serions pas en mesure de découvrir cette valeur dans tous les cas.

§4 Discours direct, mise entre guillemets et discours indirect

Si quelqu'un affirme "Vienne a six lettres", on fera preuve de bienveillance en interprétant cette remarque comme un énoncé vrai à propos *du mot français* "Vienne", et non pas comme un énoncé

---

[208] *Ibid.*, t. II, Paragraphe 56; voir *Écrits Posthumes*, pp. 212-213.

(évidemment faux) au sujet de la capitale autrichienne. Dans la langue écrite nous disposons d'un artifice graphique pour distinguer chacune de ces deux utilisations: nous recourons à des guillemets ou à l'italique pour signaler qu'en utilisant tel mot, c'est bien lui que nous entendons désigner. Les guillemets ou l'italique indiquent qu'il y a là une exception à la règle du dictionnaire selon laquelle le mot "Vienne" désigne en français la capitale autrichienne. Ce dernier usage du terme, Frege le considère comme son "usage habituel".

La possibilité de telle utilisations "inhabituelles" ne montre-t-elle pas que l'identification de la référence$_F$ de "Vienne" avec la ville de Vienne, identification à laquelle Frege procède, doit être restreinte à "l'usage habituel" du mot? Le test qui repose sur le principe *salva veritate* exige que dans toutes les phrases, donc aussi dans "Vienne a six lettres", il soit possible de substituer à des expressions des expressions de même référence$_F$ sans préjudice pour les valeurs de vérité. Mais alors, pourrait-on objecter, il est clair que dans ce contexte "Vienne" ne peut pas être remplacé *salva veritate* par une autre désignation de la même ville. Ainsi, par exemple, "La capitale autrichienne a six lettres" est une phrase fausse. Seule une désignation alternative du même mot conserve la valeur de vérité, soit: "Le nom de capitale, qui se compose des lettres V-i-e-n-n-e (dans cet ordre) a six lettres". L'objection montre que Frege doit relativiser sa thèse sémantique concernant la référence$_F$ de "Vienne". La ville de Vienne est la référence$_F$ habituelle de "Vienne" mais de nombreux contextes font exception à cette règle. Nous devons reconnaître différents contextes selon la manière dont chacun influence les propriétés sémantiques d'un mot: le discours habituel ou "direct" dans lequel un mot a sa référence$_F$ habituelle, "directe", et les autres contextes, comme la mise entre guillemets, dans lesquels la référence$_F$ du même mot est différente.

Mais qu'est-ce qui autorise Frege à considérer le discours habituel comme le cas normal du point de vue de la sémantique, et la mise entre guillemets, comme l'anomalie? Le test *salva veritate* ne constate finalement jamais qu'un changement de référence$_F$. Il ne nous dit pas ce qu'il faut tenir pour la règle et ce qu'il faut tenir pour l'exception. On voit ici l'influence du principe de réalité selon lequel la valeur de vérité d'une phrase dépend de ce dont nous parlons dans cette phrase. Les intuitions de Frege (étayées par le dictionnaire) concernant l'objet "habituel" auquel se rapporte "Vienne" en position de sujet lui disent que les contextes de mise entre guillemets constituent une exception qui ne change rien au fait que le mot "Vienne", en règle générale, se rapporte à la capitale autrichienne. Le principe *salva veritate* doit s'y soumettre. Des expressions pourvues de la même référence$_F$ habituelle (directe) doivent pouvoir être remplacées *salva veritate* dans toutes les phrases – sauf dans les contextes qui, eu égard au principe de réalité, sont dorénavant considérés comme des exceptions. Dans ces contextes, en effet, l'objet auquel le sujet se rapporte n'est pas le même. De surcroît, on peut facilement reconnaître que le déplacement de la référence$_F$ dans les contextes de mise entre guillemets constitue une modification systématique, c'est-à-dire réglée, de la référence$_F$ habituelle qui est possible avec toutes les expressions. Une sémantique peut donc la traiter comme une anomalie – de la même manière que le dictionnaire ne nous avertit pas expressément du fait que dans de nombreux contextes le mot "Vienne" ne désigne pas la capitale autrichienne. En général, toutes les expressions que l'on trouve dans des citations littérales (mais non celles dont la citation reproduit le sens) réfèrent$_F$ à l'expression dont elles sont elles-mêmes une occurrence. Le chancelier exprime les mots suivants: "Vienne est une ville", et un journaliste le cite mot pour mot: "Le chancelier a dit [les mots]: 'Vienne est une ville'." Ce n'est pas seulement "Vienne" qui réfère$_F$ ici au nom propre français "Vienne", "est une ville" réfère$_F$ également au prédicat français "est une ville", et dans sa totalité la citation réfère$_F$ à la phrase française "Vienne est une ville".

Un autre contexte que Frege considère aussi désormais comme un cas particulier est le discours "indirect". Nous y recourons lorsque nous citons des énonciations en nous contentant d'en reproduire le sens. Le chancelier dit "Vienne est une ville" et un journaliste le cite au discours indirect: "Le chancelier a dit que Vienne était une ville". Il est facile de voir que cette manière d'utiliser "Vienne" rend elle aussi équivoque l'identification telle quelle de la référence$_F$ de "Vienne" avec la ville de Vienne. Car si cette identification était correcte, "Vienne" devrait aussi pouvoir, dans ce contexte, être remplacé *salva veritate* par n'importe quel nom propre pourvu de la même référence$_F$ (habituelle). Mais ce n'est pas le cas: bien que "Vienne" et "le lieu de naissance de Wittgenstein" aient la même référence$_F$, la phrase "Le chancelier a dit que le lieu de naissance de Wittgenstein était une ville" peut passer au mieux pour une citation en partie conforme au sens de l'énonciation du chancelier "Vienne est une ville" dans la mesure où elle ne rend que de manière incomplète le sens initial de cette dernière. Peut-être le chancelier n'a-t-il encore jamais entendu parler de Wittgenstein. Il pourrait alors contester avec raison la manière dont ses paroles ont été citées, et leur sens, rendu. Mais Frege ne considère pas que cette remarque quant à l'utilisation de "Vienne" au discours indirect constitue une objection contre ses thèses sémantiques, et cela pour les mêmes raisons que dans le cas des contextes de mise entre guillemets: étant donné qu'au discours indirect l'objet auquel se rapporte le sujet n'est pas le même, dans ce contexte les mots ont eux aussi une référence$_F$ différente de leur référence$_F$ habituelle[209]. Une fois encore Frege donne au principe de réalité un avantage sur le principe *salva veritate*. L'utilisation de "Vienne" dans le discours indirect est seulement une autre forme de modification systématique de l'usage habituel du mot, telle qu'il faut s'attendre tout simplement à d'autres propriétés sémantiques. Le test *salva veritate* permet aussi de constater dans ce contexte un déplacement réglé de la référence$_F$ de "Vienne", lequel, selon Frege, ne fait que confirmer que le mot, pour qui le cite conformément au sens, n'est pas un moyen de se rapporter à la capitale autrichienne. Mais à quoi lui sert-il alors? Le discours indirect est la reproduction conforme au sens de ce qui a été dit. Dans les citations indirectes, dit Frege, les mots servent à désigner le *sens* des paroles énoncées par autrui. Le chancelier dit "Vienne est une ville" et il exprime par là que Vienne est une ville. De façon correspondante, la citation conforme au sens pourrait s'énoncer ainsi: "Le chancelier a dit que Vienne était une ville". La phrase subordonnée "que Vienne était une ville" a ici pour tâche de désigner ce que visait le chancelier, c'est-à-dire le sens qu'il associait (en tant que locuteur compétent en français) à son énonciation. Dans cette dernière, il n'est question ni du lieu de naissance de Wittgenstein ni du concept *ville*, il est question du *sens* de l'expression en position de sujet "Vienne" et du *sens* de l'expression en position de prédicat "est une ville": "Si l'on parle au discours indirect on parle du sens des paroles d'un autre. Il est donc clair que, dans ce mode de discours, les mots n'ont pas leur référence habituelle, ils réfèrent à ce qui est habituellement leur sens."[210] Par conséquent, dans ce contexte, les mots utilisés ne possèdent pas non plus leur référence$_F$ habituelle, seulement cette fois ils réfèrent$_F$ non pas aux expressions d'une langue

---

[209] Voir "Sens et Référence". In Imbert 1994: p. 105.
[210] *Ibid.*, p. 105.

quelconque (comme dans le cas des contextes de mise entre guillemets) mais à une nouvelle espèce d'objets: les sens$_F$[211]. L'analyse de Frege revient à poser le principe général selon lequel, dans la phrase subordonnée "que a est F", extraite d'une citation conforme au sens de la forme "X dit que a est F", il est question du sens$_F$ habituel (direct) de la phrase assertorique "Fa" et, par là même, du sens$_F$ des mots "a" et "F" qui le composent. Frege appelle "pensée" le sens$_F$ d'une phrase assertorique au discours direct. Nous pouvons donc aussi proposer cette autre formulation: au discours indirect la phrase subordonnée réfère$_F$ à une pensée. Dans notre exemple le chancelier exprime la pensée que Vienne est une ville. La phrase subordonnée "que Vienne est une ville" est ici un nom propre de cette pensée. Pour Frege, appartient à la précompréhension intuitive du discours indirect le fait qu'avec lui nous parlons du sens$_F$ des paroles de quelqu'un d'autre. En stipulant que dans ces contextes la référence$_F$ est également différente de la référence$_F$ habituelle, le test *salva veritate* se contente pour sa part de confirmer ce que nous avons intuitivement. Une théorie sémantique acceptable doit tenir compte de cette précompréhension et l'expliquer. Une explication sémantique correcte du discours indirect oblige donc à reconnaître les sens$_F$ comme quelque chose de connecté à nos expressions au même titre que leur référence$_F$. Les sens$_F$ jouent le même rôle pour la sémantique du discours indirect que les références$_F$ (habituelles) dans le discours direct.

La grande importance du discours indirect devient encore plus évidente si nous considérons combien son emploi est fréquent dans l'usage linguistique quotidien. Car bien que Frege ait commencé ses analyses sémantiques en considérant des citations conformes au sens, il sait parfaitement que le phénomène n'est pas restreint aux contextes de la forme "X dit que p". On le retrouve aussi à la suite des verbes "opiner", "croire", "douter", "regretter", "se réjouir", "redouter", "entendre", "penser" ou "juger", que nous pouvons appeler, du fait de leur rapport aux processus ou aux états psychiques, des "verbes d'états de conscience". Même dans "X pense (redoute, opine, croit) que p", la

---

[211] Comme déjà dans le cas du concept de référence$_F$, le "F" ici mis en indice est censé expliciter le fait que "sens" est un terme technique dans le vocabulaire de Frege, que donc il ne s'accorde pas avec la manière dont on comprend habituellement ce mot. Tel que nous le comprenons habituellement nous dirions très certainement volontiers que, par exemple, le mot "je" possède un sens constant en français. En revanche, le sens$_F$ de "je" change avec la personne qui le prononce.

phrase subordonnée ne réfère$_F$ pas à une valeur de vérité mais à une pensée. En outre, il faut prêter attention au fait qu'il y a des contextes "mixtes" dans lesquels les mots que nous utilisons ont aussi bien leur référence$_F$ directe que leur référence$_F$ indirecte. Si par exemple nous considérons "Le chancelier sait que Vienne est une ville" comme une abréviation de "Vienne est une ville et le chancelier juge (avec de bonnes raisons) que Vienne est une ville", il devient évident que "dans notre structure de phrase initiale il faut en réalité prendre la phrase subordonnée de deux manières et avec des références distinctes, l'une étant une pensée, l'autre, une valeur de vérité."[212] Pourquoi? Parce que, dans la version détaillée "Vienne est une ville et le chancelier juge (avec de bonnes raisons) que Vienne est une ville", la première occurrence de "Vienne est une ville" réfère$_F$ à une valeur de vérité, la seconde, à une pensée. Dans la structure de phrase initiale "Le chancelier sait que Vienne est une ville", la phrase subordonnée assume donc une double fonction sémantique. Sa référence$_F$ est une pensée et la valeur de vérité de cette pensée[213].

Pour résumer, nous pouvons dire que les relations sémantiques telles qu'on les trouve reproduites dans le schéma du Paragraphe 3, Chapitre 5, constituent la règle mais seulement pour le "discours habituel" ou "discours direct". Reprenons notre exemple "Vienne est une ville". Nous pouvons présenter ce cas normal de la façon suivante:

Vienne est une ville	Vienne	( ) est une ville
↓	↓	↓
Référence$_F$: le vrai	Référence$_F$: la ville de	Référence$_F$: le concept

---

[212] "Sens et Référence". In Imbert 1994: p. 124.
[213] Si on le considère de façon générale, ce mixte de pensée et de valeur de vérité correspond approximativement chez Frege à la catégorie d' "état de chose" [*Sachverhalt*] si populaire de nos jours. On peut citer un exemple d'un autre type de contexte mixte, cette fois composé de citation et de discours direct: "L'Amérique fut ainsi nommée d'après Amerigo Vespucci". Dans la paraphrase "L'Amérique fut nommée Amérique d'après Amerigo Vespucci", la première occurrence d' "Amérique" se rapporte au continent américain, la seconde, au mot "Amérique", et comme telle elle pourrait donc être mise entre guillemets. "Amérique" possède donc une double fonction dans la phrase initiale: l'expression fait référence$_F$ aussi bien au continent américain qu'au mot "Amérique".

	Vienne	"ville"

Mais si cette phrase est mise entre guillemets comme une citation littérale – "Il a dit: 'Vienne est une ville'" – sa référence$_F$ se déplace. Il est maintenant question des *expressions linguistiques*: de la phrase en français "Vienne est une ville" et de ses éléments, de l'expression en position de sujet "Vienne" et de celle en position de prédicat "( ) est une ville":

Vienne est une ville	Vienne	( ) est une ville
↓	↓	↓
Référence$_F$: la phrase assertorique "Vienne est une ville"	Référence$_F$: le nom propre "Vienne"	Référence$_F$: le terme conceptuel "( ) est une ville"

Il y a encore une autre exception si la citation n'est pas littérale mais seulement conforme au sens. Dans "Il a dit que Vienne était une ville" nous parlons, avec la phrase subordonnée, du *sens$_F$* de la phrase "Vienne est une ville" et de ses éléments:

Vienne est une ville	Vienne	( ) est une ville
↓	↓	↓
Référence$_F$: le sens$_F$ de "Vienne est une ville"	Référence$_F$: le sens$_F$ de "Vienne"	Référence$_F$: le sens$_F$ de "( ) est une ville"

Avec toutes les expressions, qu'il s'agisse de phrases, de noms propres ou de termes conceptuels, se trouve connecté un sens$_F$ indépendant de la possession d'une référence$_F$ (pour l'usage "fictif" de la langue il suffit que nos mots aient un sens$_F$, une référence$_F$ n'est pas nécessaire). Frege se sert de la terminologie suivante: "Un nom propre (mot, signe, combinaison de signes, expression) exprime son sens, réfère à ou désigne sa référence. Avec un signe, nous en exprimons le sens et nous en désignons la référence."[214] Au lieu de "sens d'une phrase assertorique", Frege dit aussi "pensée". Une phrase assertorique exprime une pensée et réfère$_F$ à une valeur de vérité. En général, comprendre une

---

[214] "Sens et Référence". In Imbert 1994: p. 107.

expression c'est d'abord saisir son sens$_F$. Qui comprend une phrase assertorique saisit son sens$_F$ et pense la pensée qui s'y trouve exprimée.

Chapitre 7. La théorie du "sens" de Frege

§1 Le sens_F pour quoi faire? La sémantique du discours indirect

C'est dans une série d'articles ("Fonction et Concept", "Sens et Référence", "Concept et Objet") publiés au début des années quatre-vingt dix que Frege développe de façon systématique la théorie de la référence_F présentée dans les Chapitres 5 et 6. En ce qui concerne du moins les noms propres et les termes conceptuels (mais non les phrases), cette théorie se contente d'expliciter une conception sémantique qui, pour l'essentiel, était déjà contenue tacitement dans la *Conceptographie* et les *Fondements* mais avec toutes sortes d'obscurités que Frege maintenant dissipe. En revanche, sa théorie du sens_F présentée principalement dans l'article "Sens et Référence" est nouvelle bien que l'on puisse en reconnaître certaines ébauches dans les premiers écrits. Comme nous l'avons vu, la tâche principale de la théorie de la référence_F de Frege est de légitimer les règles de conclusion conceptographiques et en ce sens elle constitue sa théorie proprement dite de la logique. On peut donc se demander pourquoi Frege – du moins comme logicien – ne s'est pas satisfait de sa théorie de la référence_F. À quoi bon introduire en outre les sens_F? Que sont-ils censés apporter? J'ai déjà mentionné une raison importante. Frege considère que l'application du principe *salva veritate* au discours indirect contraint à reconnaître les sens_F dans la mesure où les relations sémantiques dans le discours indirect ne deviennent compréhensibles qu'à partir de la distinction entre référence_F et sens_F. Frege écrit: "On peut seulement faire mention ici du fait qu'il n'y a pas d'autre manière de comprendre correctement le discours indirect. En effet, la pensée, qui est habituellement le sens de la phrase, devient sa référence dans le discours indirect."[215] L'introduction des sens_F est pour Frege la conséquence naturelle d'une théorie de la référence_F gouvernée par le principe *salva veritate* et appliquée au discours indirect. Il insiste sur le fait que s'il n'a pas introduit le discours indirect dans la conceptographie, c'est seulement parce qu'il n'y avait

---

[215] *Lois Fondamentales de l'Arithmétique*, t. I, p. x.

aucune raison de l'introduire[216]. Son projet logiciste ne l'exigeait pas. Reste que d'autres applications de la conceptographie pourraient bien requérir l'admission de prémisses au discours indirect et c'est seulement alors qu'il serait nécessaire de forger des "signes [conceptographiques] propres au discours indirect" et "dont il serait pourtant facile de reconnaître le rapport avec ceux qui leur correspondent dans le discours direct"[217]. Les références$_F$ de ces signes propres au discours indirect seraient les sens$_F$.

§2 Le sens$_F$ pour quoi faire? Aspects sémantiques et épistémiques

Frege a introduit dans sa *Conceptographie* le concept de "contenu pouvant faire l'objet d'un jugement". Comme le nom l'indique déjà, les contenus pouvant faire l'objet d'un jugement sont ce qui est reconnu comme vrai dans un acte de jugement. Que sont-ils censés faire dans la théorie antérieure de Frege? Dans la *Conceptographie* Frege leur accorde une double fonction. Tout d'abord, les contenus pouvant faire l'objet d'un jugement jouent un rôle épistémique dans la mesure où ils sont ce qui est jugé ou "reconnu comme vrai". Ce sont les contenus des jugements. Mais Frege leur assigne en même temps un rôle sémantique: dans le Paragraphe 5 de la *Conceptographie* il explique les conditions de vérité du conditionnel conceptographique "$p \rightarrow q$" en renvoyant aux différents cas possibles d'affirmation et de négation nécessaires des contenus pouvant faire l'objet d'un jugement auxquels "réfèrent" respectivement les phrases partielles "p" et "q". Un conditionnel est vrai lorsque se trouve exclu le cas suivant: le contenu pouvant faire l'objet d'un jugement de "p" doit être affirmé mais celui de "q" doit être nié. Selon cette explication, la nécessité de l'affirmation ou de la négation des contenus pouvant faire l'objet d'un jugement constitue le facteur décisif pour la détermination de la valeur de vérité d'une phrase, et donc pour la sémantique des phrases conceptographiques. Nous pourrions dire en résumé que dans la théorie antérieure de Frege le concept de contenu pouvant faire l'objet d'un jugement joue un double rôle, à la fois

---

[216] *Correspondance Scientifique*. Gabriel 1976: p. 232.
[217] *Ibid.* p. 236.

sémantique et épistémique. Il articule des aspects épistémiques et sémantiques.

Dans les années qui suivent la publication de la *Conceptographie*, Frege explicite sa conception de la sémantique (entendue comme théorie de la référence$_F$). Il précise ses idées tout d'abord bien vagues en partant du fait qu'il s'agit là, pour l'essentiel, d'une théorie générale des mécanismes de détermination de la valeur de vérité internes aux phrases. Dans une sémantique on considère les propriétés des expressions linguistiques qui, en elles-mêmes, sont nécessaires, et qui, considérées avec les propriétés sémantiques des autres éléments constitutifs de la phrase ainsi qu'avec celles de leur mode de connexion, sont également suffisantes pour déterminer comme vraie ou fausse une phrase dans laquelle elles interviennent. Dans la mesure où, d'une telle détermination du problème, il suit que deux expressions ont la même propriété sémantique lorsqu'elles peuvent être substituées l'une à l'autre dans toutes les phrases sans préjudice pour la valeur de vérité de celles-ci, le principe *salva veritate* a un rôle-clef dans la découverte de cette propriété. Il devient alors évident pour Frege qu'en parlant de la nécessité de l'affirmation ou de la négation des contenus pouvant faire l'objet d'un jugement (dans le Paragraphe 5 de la *Conceptographie*), il voulait parler en réalité de la *valeur de vérité* de ces contenus, de leur être-vrai ou de leur être-faux. En définitive, il est nécessaire d'affirmer (ou de nier) le contenu d'une phrase pouvant faire l'objet d'un jugement lorsque ce contenu est vrai (ou faux). Comme le montre l'application stricte du principe *salva veritate* aux phrases de la conceptographie, quand on recherche la manière dont s'effectue la contribution sémantique on peut faire abstraction des contenus (pouvant faire l'objet d'un jugement) concrets des phrases partielles qui composent une structure de phrase car seule importe la valeur de vérité de ces phrases partielles. Étant donné que dans la conceptographie nous avons seulement affaire au discours habituel, toutes les phrases qui ont la même valeur de vérité sont sémantiquement équivalentes, quand bien même leur contenu serait différent. Au fur et à mesure des éclaircissements et autres précisions qu'il apporte à sa conception de la sémantique, Frege en vient donc à la conviction que le rôle sémantique qu'il a accordé dans la *Conceptographie* aux contenus pouvant faire l'objet d'un jugement est en réalité joué par les deux valeurs de vérité.

Qu'en est-il du rôle épistémique des contenus pouvant faire l'objet d'un jugement? Il est clair en tout cas que de tels contenus, entendus comme ce qui dans un jugement est reconnu pour vrai, ne sont pas des valeurs de vérité – et donc également que rien ne joue ce double rôle à la fois sémantique et épistémique que Frege a commencé par attribuer aux contenus pouvant faire l'objet d'un jugement de la *Conceptographie*. Dans sa nouvelle conception qu'il présente au début des années quatre-vingt dix, les aspects épistémiques et sémantiques du contenu d'une phrase sont séparés. Le concept problématique de contenu pouvant faire l'objet d'un jugement est abandonné pour être remplacé par deux nouveaux concepts. Dans le cadre de la nouvelle théorie, le concept de contenu pouvant faire l'objet d'un jugement se décompose dans celui de pensée (perspective épistémique) et dans celui de valeur de vérité (perspective sémantique): "J'avais autrefois distingué deux sortes de choses dans ce dont la forme extérieure est une phrase assertorique: 1) la reconnaissance de la vérité, 2) le contenu qui est reconnu comme vrai. Le contenu, je l'appelais 'contenu pouvant faire l'objet d'un jugement'. Je décompose désormais celui-ci dans ce que j'appelle 'pensée' et dans ce que j'appelle 'valeur de vérité'. C'est la conséquence de la distinction entre le sens et la référence d'un signe."[218] Mais ce n'est pas seulement au niveau des phrases, c'est aussi au niveau des noms propres et des termes conceptuelles que les perspectives épistémique et sémantique doivent être conceptuellement séparées de façon stricte. C'est ce qu'accomplit la théorie générale du sens$_F$ et de la référence$_F$ des signes que Frege propose.

§3 Référence$_F$ identique mais valeur de connaissance différente

Dans son article "Sens et Référence", Frege explique sa nouvelle théorie en partant de deux phrases sémantiquement équivalentes dont la forme est "$a = a$" et "$a = b$" et qui s'accordent au niveau des références$_F$ de leurs éléments. Si dans (A) "L'étoile du soir = l'étoile du soir" nous remplaçons la seconde occurrence de "l'étoile du soir" par "l'étoile du matin" nous obtenons: (B) "L'étoile du soir = l'étoile du matin". Étant donné que les deux noms propres réfèrent$_F$ à la planète Vénus, cette substitution ne produit aucun changement au niveau sémantique. Ce n'est pas seulement en tant que tout que (A) et (B) possèdent la même

---

[218] *Lois Fondamentales de l'Arithmétique*, t. I, p. x.

référence$_F$, leurs éléments respectifs ont eux aussi la même référence$_F$: les phrases sont sémantiquement congruentes. Mais (B) est incomparablement plus riche en informations que (A). Alors que (A) exprime une vérité évidente, (B) formule une connaissance astronomique que beaucoup méconnaissent. Frege ramène cette différence de valeur de connaissance entre les deux phrases à une différence de sens$_F$ provoquée par la substitution. Les noms propres "l'étoile du soir" et "l'étoile du matin" possèdent certes la même référence$_F$ mais ils n'ont pas le même sens$_F$ et, pour cette raison, le sens$_F$ de (A) n'est pas non plus identique au sens$_F$ de (B) – en dépit de leur congruence sémantique. Les deux phrases expriment, dit Frege, des pensées distinctes. Qui sait que l'étoile du soir est l'étoile du soir est encore loin de savoir que l'étoile du soir est l'étoile du matin.

§4 Les pensées et leurs parties: la compositionalité du sens$_F$

L'argument du Paragraphe 3 présuppose que le sens$_F$ d'une phrase se compose des sens$_F$ des expressions partielles qui la constituent. De même que la phrase se construit à partir de mots, la pensée exprimée se construit à partir des sens$_F$ de ces mots. Frege explique de cette manière le fait que nous comprenions des phrases que nous n'avons encore jamais entendues:

"Une phrase doit avoir un sens pour pouvoir être utilisée. Mais la phrase se compose de parties qui doivent participer d'une manière ou d'une autre à l'expression du sens de la phrase, elles doivent donc elles-mêmes être pourvues de sens d'une manière ou d'une autre. Soit la phrase 'L'Etna est plus élevé que le Vésuve'. Nous avons ici le nom 'Etna' qui intervient aussi dans d'autres phrases, par exemple dans la phrase 'L'Etna est en Sicile'. La possibilité que nous avons de comprendre des phrases que nous n'avons encore jamais entendues repose manifestement sur le fait que nous construisons le sens d'une phrase à partir des parties qui correspondent aux mots. Si nous trouvons le même mot 'Etna' dans deux phrases nous reconnaissons aussi dans les pensées correspondantes quelque chose de commun qui correspond à ce mot. Sans cela une langue serait proprement impossible."[219]

---

[219] *Correspondance Scientifique*. In Gabriel 1976: p. 127. Voir aussi "Structure des Pensées". In Imbert 1994: p. 267.

Par conséquent, au principe de compositionalité de la référence$_F$ selon lequel la référence$_F$ d'une phrase assertorique résulte des références$_F$ des désignations qu'elle fait intervenir, nous pouvons ajouter le *principe de compositionalité du sens$_F$*: le sens$_F$ d'une phrase résulte lui aussi des sens$_F$ des expressions qu'elle fait intervenir[220]. Ce n'est donc pas seulement l'absence de référence$_F$ qui est "contagieuse", c'est aussi l'absence de sens$_F$: si une partie d'une phrase (une expression fonctionnelle, un nom propre ou une phrase partielle) n'a aucun sens$_F$, la phrase dont elle fait partie en est elle aussi dépourvue. Le sens$_F$ d'une phrase "*Fa*" comme sa référence$_F$ sont déterminés respectivement par les sens$_F$ et par les références$_F$ des expressions partielles "*F( )*" et "*a*" qui la constituent, ainsi que par la nature de leur mise en rapport (il en va de même pour toutes les expressions complexes). À chacun des deux niveaux Frege décrit le résultat de cette détermination comme résultant de la "saturation" de quelque chose d'insaturé. La référence$_F$ de "*Fa*" résulte de la saturation de la référence$_F$ de "*F( )*" par la référence$_F$ de "*a*"; et le sens$_F$ de "*Fa*" résulte de la saturation du sens$_F$ de "*F( )*" par le sens$_F$ de "*a*". Ce parallèle superficiel ne doit cependant pas masquer la différence fondamentale entre chacun de ces deux mécanismes de détermination. Car si les sens$_F$ des expressions partielles sont les parties d'un tout, à savoir du sens$_F$ de l'expression d'ensemble, les références$_F$ des expressions partielles n'entretiennent pas une relation tout-parties avec la référence$_F$ de l'expression d'ensemble. C'est ainsi que le sens$_F$ de "la capitale de ( )" comme le sens$_F$ de "la Suède" sont des parties du sens$_F$ de "la capitale de la Suède"; mais ni la référence$_F$ de "la Suède" ni la référence$_F$ de "la capitale de ( )" ne sont des parties de la référence$_F$ de "la capitale de la Suède". La Suède n'est pas une partie de Stockholm et aucune partie de la ville de Stockholm n'est une fonction[221]. De façon générale, la valeur d'une fonction n'a pour partie ni la fonction ni son argument. De même, s'agissant des phrases entières, on ne peut pas "transpose[r] la relation partie-tout de la phrase à sa référence"[222] comme Frege lui-même l'a fait un peu vite en 1892 quoiqu'avec des réserves[223].

---

[220] De même pour toutes les expressions complexes: voir *Lois Fondamentales de l'Arithmétique*, t. I, Paragraphe 32.
[221] Voir *Écrits Posthumes*, p. 301.
[222] "Sens et Référence". In Imbert 1994: p. 111.
[223] *Ibid.*, pp. 111 et suivantes.

Il corrige cette erreur dans un cours de 1913: "Les références des parties de la phrase ne sont pas des parties de la référence de la phrase. En revanche, le sens d'une partie de la phrase est une partie du sens de la phrase."[224]. Nous pouvons résumer ce point en disant que si Frege conçoit les sens$_F$ complexes sur le *modèle méréologique d'un tout et de ses parties*, au niveau des références$_F$ il utilise le *modèle argument-fonction*. Nous saisissons le sens$_F$ d'une phrase simple "*Fa*" comme un tout complexe composé des sens$_F$ partiels de "*F( )*" et de "*a*". Mais nous saisissons la référence$_F$ de "*Fa*" comme le résultat d'une application fonctionnelle de la référence$_F$ de "*a*" par la référence$_F$ de "*F( )*". S'il est vrai que les fonctions ne sont jamais des parties de leurs valeurs mais que les sens$_F$ des prédicats sont des parties des pensées, alors les sens$_F$ des prédicats ne peuvent pas être des fonctions. Le caractère non saturé du sens$_F$ d'une expression fonctionnelle et celui de sa référence$_F$ ne sont pas de même espèce.

§5 Un critère d'identité pour les sens$_F$: l'évidence de l'identité de la référence$_F$

Dans une lettre à Russell, Frege souligne encore une fois la perspective épistémique à partir de laquelle il est parvenu à sa théorie du sens$_F$. Il y indique une condition nécessaire pour l'identité du sens$_F$: "Les mots 'étoile du soir' et 'étoile du matin' désignent la même planète Vénus; mais, pour le savoir, un acte de connaissance particulier est requis; on ne peut pas simplement le conclure du principe d'identité. Partout où la coïncidence de la référence n'est pas évidente nous avons une différence de sens."[225]

Si l'identité des références$_F$ de deux expressions n'est pas évidente leur sens$_F$ est différent. Il s'ensuit que, pour deux expressions pourvues du même sens$_F$, la coïncidence de leurs références$_F$ respectives est évidente. Si par exemple "2×2" a le même sens$_F$ que "2^2" alors la pensée exprimée par "$2\times2 = 2^2$" est évidente. Il en va de même pour toutes les expressions. Mais quand est-ce qu'une pensée est "évidente"? Lorsque, dit Frege, sa "vérité […] éclate d'elle-même, au seul vu du sens qui y est exprimé."[226] S'il n'est pas possible de penser une pensée sans la

---

[224] "Vorlesungen über Begriffschrift" ["Leçons sur la Conceptographie"]. In *History and Philosophy of Logic*, 17, 1996, p. 20.
[225] *Correspondance Scientifique*. Gabriel 1976: p. 234.
[226] "Structure des Pensées". In Imbert 1994: p. 233.

reconnaître immédiatement (elle ou sa négation) comme vraie, sa vérité (ou sa fausseté) est, comme je le dirai désormais, *évidente*. Étant donné que l'identité des pensées est seulement un cas particulier de l'identité de sens$_F$, on doit poser en outre que des pensées identiques ont évidemment aussi la même valeur de vérité.

Mais, à l'inverse, pouvons-nous conclure du fait que des pensées ont évidemment la même valeur de vérité, que ces pensées sont identiques? La condition que Frege appelle nécessaire dans la citation est-elle aussi suffisante? Si elle l'était nous aurions ici le "critère objectif" qu'exige ailleurs Frege "pour reconnaître qu'une pensée est la même"[227]. Il faut donc discuter le critère d'évidence suivant: "La pensée A = la pensée B ▯ il est évident que la valeur de vérité de la pensée A = la valeur de vérité de la pensée B".

De fait, dans un fragment de l'année 1906, Frege semble proposer ce même critère sous le nom d' "équipollence". La formulation de Frege a l'avantage d'être neutre par rapport aux termes de "pensée" et de "valeur de vérité" (mais au prix, il est vrai, d'une certaine opacité): "Entre deux phrases A et B il peut y avoir une relation telle que quiconque reconnaît comme vrai le contenu de A doit reconnaître aussitôt comme également vrai celui de B et telle que, réciproquement, quiconque reconnaît le contenu de B doit reconnaître aussitôt également celui de A (*équipollence*), étant présupposé que l'appréhension des contenus de A et de B n'offre aucune difficulté."[228] Mais ainsi entendue comme critère nécessaire et suffisant de l'identité des pensées, l'équipollence (c'est-à-dire l'évidence de l'identité de la valeur de vérité) n'est pas acceptable car alors des pensées évidentes seraient identiques. Si "p" et "q" expriment des vérités évidentes il est pareillement évident qu'ils ont la même valeur de vérité. Mais les pensées exprimées par "p" et "q" peuvent être différentes, par exemple "Mars = Mars" et "Les cercles sont ronds". Étant donné que, pour Frege, les axiomes expriment par définition des pensées évidentes, il est clair qu'il considère cette conséquence comme inadmissible[229]. C'est sans doute pour cette raison qu'il ajoute au passage cité ci-dessus une condition qui tient compte de

---

[227] *Correspondance Scientifique*. Gabriel 1976: p. 105.
[228] *Écrits Posthumes*, p. 235.
[229] Voir Künne, Wolfang (1997). "Propositions in Bolzano and Frege". In *Grazer Philosophische Studien*, t. 53, 1997, pp. 229 et suivantes; Beaney 1996 : pp. 225 et suivantes; Dummett 1991: pp. 294 et suivantes.

cette objection: "Je suppose qu'il n'y a rien dans le contenu d'aucune des deux phrases équipollentes *A* et *B* qui doive être immédiatement reconnu comme vrai par tout un chacun qui l'appréhende correctement."[230] Du fait de cette restriction le critère d'évidence ne s'applique plus du tout aux pensées évidentes, ce qui amoindrit nettement sa valeur[231].

Une difficulté liée au critère d'évidence tient au fait que Frege l'entoure d'une condition: son applicabilité aux deux phrases *A* et *B* présuppose "que l'appréhension des contenus de *A* et de *B* n'offre aucune difficulté."[232] Mais, dès lors, il devient difficile d'interpréter l'hésitation que peut provoquer la question de savoir si deux phrases ont la même valeur de vérité. La raison pour laquelle le jugement n'est pas immédiat tient-elle à un problème de compréhension, c'est-à-dire à une difficulté dans l'appréhension du contenu de la question? Dans ce cas, ce sont les présuppositions de l'utilisation du critère d'évidence qui manquent. Ou bien s'agit-il en fait d'une hésitation qu'on éprouve en essayant de répondre à la question que par ailleurs on comprend parfaitement? C'est seulement dans ce dernier cas que nous pourrions diagnostiquer avec Frege une différence de sens$_F$. Considérons les trois couples de phrases suivants:

"$2 + 2 = 4$": "Le fait que $2 + 2 = 4$ est vrai"
" $2 + 2 = 4$": "Non (non $2 + 2 = 4$)"
" $2 + 2 = 4$": "$2^2 = 4$".

Y a-t-il ici une ou deux pensées? "Une", dit sans hésiter Frege à propos du premier couple de phrases. Mais le second couple le fait hésiter: "Seulement une", lit-on dans "Structure des Pensées"[233] alors que

---

[230] *Écrits Posthumes*, p. 235.

[231] Ailleurs, Frege appelle *équivalence analytique* (au sens épistémique qu'il donne à l'adjectif "analytique", voir Chapitre 2, Paragraphe 5) le critère pour l'identité des pensées: "La pensée A = la pensée B ▢ analytiquement ▢ la valeur de vérité de la pensée A = la valeur de vérité de la pensée B." Voir *Correspondance Scientifique*. In Gabriel 1976: p. 105. À la différence du critère d'équipollence, Frege a ici fait passer le prédicat épistémique "( ) est évident" du côté droit, ce qui renforce le caractère épistémique de la relation d'équivalence. Mais dès lors ce sont toutes les phrases logiquement équivalentes qui exprimeraient la même pensée! Le fait que Frege restreigne ce critère aux phrases dont "aucune […] ne contient un élément de sens logiquement évident" ne change rien au fait que cette conséquence est également absurde de son point de vue.

[232] *Écrits Posthumes*, p. 235

[233] "Structure des Pensées", p. 224.

dans "La Négation" il parle de deux pensées[234]. Il en revient à un jugement univoque à propos du troisième couple de phrases: deux pensées – un peu de réflexion n'est donc pas ici un signe d'incompréhension[235]. En revanche, selon Frege, celui qui hésite dans son jugement en ce qui concerne le premier couple de phrases fait voir qu'il y a au moins une des deux phrases qu'il n'a pas correctement comprise. Le fait que l'auteur de "Structure des Pensées" ait dû reprocher à celui de "La Négation" un tel manque de compréhension à l'endroit du second couple de phrases illustre les difficultés liées à la proposition de Frege. Il s'est sans aucun doute rendu compte des problèmes suscités par le concept d'évidence. La loi fondamentale V, dont on a vu le caractère problématique, a montré de manière drastique comment des vérités présumées évidentes pouvaient soudain se révéler fausses. Reste que, selon ses propres dires, Frege savait depuis le départ que la loi fondamentale V "n'[était] pas aussi évidente que les autres et combien il [fallait] vraiment exiger [une telle évidence] d'une loi logique"[236]. Il a pourtant commencé par considérer comme évidente l'identité de la valeur de vérité des deux côtés de l'équivalence "L'extension de F = l'extension de G ☐ Tous les F sont des G et réciproquement" alors même que le degré de cette évidence était relatif. Les deux côtés de l'équivalence expriment (pour reprendre les termes de Frege avant la découverte de l'antinomie) "le même sens […] mais exprimé d'une autre manière."[237] C'est peut-être la raison pour laquelle Frege n'utilise le critère de l'évidence dans ses écrits que pour établir la *différence* de sens$_F$ de deux expressions[238].

§6 Le sens$_F$ est objectif, les représentations sont subjectives

De nombreux signes se trouvent associés non seulement avec un sens$_F$ et une référence$_F$ mais aussi avec une "représentation". Du fait de cette association avec une représentation, une certaine "coloration", un certain "éclairage", se rattache fréquemment à leur sens$_F$[239]. C'est ainsi que, par

---

[234] "La Négation". In Imbert 1994: p. 213.
[235] *Lois Fondamentales de l'Arithmétique*, t. I, Paragraphe 2.
[236] *Ibid.*, t. II, p. 253.
[237] "Fonction et Concept". In Imbert 1994: p. 87.
[238] Voir par exemple "Fonction et Concept". In Imbert 1994: p. 89; "Sens et Référence". In Imbert 1994: p. 108; "La Pensée". In Imbert 1994: p. 179.
[239] "Sens et Référence". In Imbert 1994: p. 107.

exemple, les expressions "cheval" et "canasson", tout comme les phrases "Malheureusement Socrate est mort" et "Socrate est mort", ont le même sens$_F$ mais celui-ci se trouve différemment coloré dans la mesure où il suscite des représentations différentes. Si la référence$_F$ est un objet perceptible par les sens, une représentation est souvent une image mentale que des impressions sensorielles ou des imaginations antérieures ont laissée ou suscitée en nous. Si par exemple nous devons dire la manière dont nous nous représentons Cléopâtre, nous décrivons cette image mentale; et comme aucun de nous n'a jamais vu Cléopâtre, ces représentations seront bien sûr très différentes. Au sens strict, chacun a sa propre représentation individuelle que personne d'autre que lui ne possède. Personne d'autre ne peut avoir ma représentation de Cléopâtre car elle est une "partie ou mode" de ma seule conscience et comme telle elle est solidement attachée à ma personne. En ce sens, les représentations sont privées et subjectives. Il en va de même, selon Frege, de nombreux autres événements et états psychiques, par exemple des inclinations, des souhaits, des sentiments et des humeurs. En un sens moins restreint, il s'agit là aussi de "représentations" au sens technique que Frege donne à ce terme[240].Frege introduit la catégorie subjective des représentations afin de pouvoir d'autant mieux souligner par comparaison l'objectivité des sens$_F$. Car les sens$_F$ et les pensées ne sont pas des parties ou des modes de quelque conscience. Dans le cas contraire il serait impossible que plusieurs individus, en pensant, saisissent exactement le même sens$_F$ et pensent la même pensée:

"La représentation est subjective: la représentation de l'un n'est pas celle de l'autre. [...] C'est par là qu'une représentation se distingue essentiellement du sens d'un signe, lequel peut être la propriété commune de plusieurs individus et pour cette raison n'est pas une partie ou un mode de l'âme individuelle; car on ne pourra sans doute pas nier que l'humanité possède un trésor commun de pensées qui se transmet d'une génération à l'autre. Dans ces conditions, rien ne s'oppose à ce que l'on parle *du* sens sans autre précision; à propos d'une représentation prise au sens strict on doit ajouter à qui elle appartient et à quel moment du temps."[241]

---

[240] Voir "La Pensée". In Imbert 1994: pp. 180-181.
[241] "Sens et Référence". In Imbert 1994: pp. 105-106.

Contrairement aux représentations, les sens$_F$ sont objectifs et existent indépendamment du fait que quelqu'un les pense ou les saisisse. Ils ont la même indépendance vis-à-vis des sujets pensants que les lois de la nature. Nous parlons par exemple *du* principe de Pythagore et de *l'*équation de la masse et de l'énergie parce que tous ceux qui pensent ces deux pensées ont chaque fois à l'esprit, respectivement, la même loi géométrique et la même loi physique. En fait, ces lois ne sont rien d'autre pour Frege que les sens$_F$ des phrases déterminées que constituent le théorème de géométrie "Dans un triangle rectangle dont la mesure de l'hypothénuse est c, et celle des deux autres côtés, a et b, on a l'égalité: $a^2 + b^2 = c^2$", et le théorème de physique "$E = mc^2$". Qui comprend ces phrases saisit leur sens$_F$ et pense la pensée qu'elles expriment. Mais si les sens$_F$ des phrases (les pensées) ont l'indépendance et l'objectivité des lois de la nature (et beaucoup d'entre eux sont des lois de la nature), il en va de même pour les parties dans lesquelles on peut les décomposer. De façon générale, les sens$_F$ sont objectifs et indépendants du fait qu'un être pensant les saisisse.

§7 La relation entre sens$_F$ et référence$_F$

Nous avons vu dans le Chapitre 4 que pour nous rapporter à n'importe quels objets de manière à les identifier nous avions besoin d'un critère qui permette de les distinguer et de les reconnaître. Si un nom propre *a* est censé désigner de façon univoque un objet, un critère d'identité doit nécessairement lui être associé qui permette de décider en principe si $a = b$. Qui comprend le nom propre, c'est-à-dire saisit complètement son sens$_F$, connaît ce critère. Mais cette connaissance seule n'est pas suffisante. Qui sait que le critère d'identité pour les comètes appartient au sens$_F$ de "a" sait que "a" réfère$_F$ à une comète. Mais il ne sait pas encore de quelle comète il s'agit, quelle comète est la référence$_F$ de "a". Pour ce faire, il serait nécessaire qu'il sache comment identifier l'objet auquel "a" réfère$_F$. S'agit-il par exemple de cette comète dont l'orbite a été calculée en 1705 par Edmund Halley, ou bien de cette autre comète qui a fait craindre la fin du monde en 1910? La référence$_F$ de "a" ainsi identifiée est la même dans les deux cas mais dans la mesure où la condition d'identification varie, le sens$_F$ de "a" ainsi spécifié est également à chaque fois différent. De façon générale, à un nom propre "a" (en plus d'un critère d'identité qui détermine l'espèce d'objets à laquelle appartient la référence$_F$ de "a") doit nécessairement être attachée une condition d'identification qui appartienne également au sens$_F$ de "a". Frege exprime cela en disant que, dans le sens$_F$ d'un nom propre, "est contenu le mode de donation [de sa référence$_F$]."[242] En raison de cette condition d'identification le sens$_F$ détermine la référence$_F$: le sens$_F$ d'un nom propre détermine un objet, le sens$_F$ d'une expression de fonction détermine une fonction, le sens$_F$ d'une phrase détermine une valeur de vérité. À l'inverse, chaque référence$_F$ nous est "donnée" au moyen du sens$_F$ des expressions correspondantes. Chaque sens$_F$ détermine exactement une référence$_F$ alors que des sens$_F$ aussi nombreux que l'on voudra peuvent correspondre à la même référence$_F$. Des sens$_F$ différents mais de même référence$_F$ sont comme des flèches visant la même référence$_F$. Nous pouvons compléter de la façon suivante la présentation proposée au Chapitre 5[243] (on lira "exprime" pour "↓e" et "détermine" pour "↓d"):

Phrase assertorique	Nom propre	Terme conceptuel
↓e	↓e	↓e
Sens$_F$:	Sens$_F$:	Sens$_F$:
↓d	↓d	↓d
Référence$_F$: valeur de vérité	Référence$_F$: objet	Référence$_F$: concept

Dans ce contexte, Trois points méritent d'être tout particulièrement soulignés. Premièrement, qui saisit deux sens$_F$ déterminant la même référence$_F$ n'a pas besoin de savoir qu'il s'agit de la même. Que ce corps céleste que l'on identifie chaque soir comme la référence$_F$ de l'expression "l'étoile du soir" soit le même que celui que l'on reconnaît chaque matin comme "l'étoile du matin" peut très bien rester à jamais

---

[242] "Sens et Référence". In Imbert 1994: p. 103. Que se passe-t-il lorsque deux locuteurs associent au même nom propre différentes marques distinctives permettant de l'identifier, et donc également différents sens$_F$? Dans ce cas ce n'est pas seulement leur manière de comprendre ce nom propre qui diffère, c'est aussi (en raison du principe de compositionnalité du sens$_F$) leur manière de comprendre toutes les expressions dans lesquelles ce nom propre intervient. Frege considère que dans un tel cas les locuteurs, pour ce qui est de ce nom propre, ne parlent "pas la même langue" ("La Pensée"). Selon Frege, il s'agit ici d'une déficience supplémentaire des langues naturelles. De telles "fluctuations de sens" ne devraient pas survenir dans "une langue parfaite" ("Sens et Référence". In Imbert 1994: p. 104, note).
[243] Voir Chapitre 5, fin du Paragraphe 3.

caché de tous. Parce que la condition d'identification – le "mode de donation" – est à chaque fois différente, le sens$_F$ des noms propres correspondants est lui aussi différent et l'identité des références$_F$ n'est pas évidente. C'est particulièrement clair en ce qui concerne les phrases. Leur sens$_F$ est lui aussi une condition d'identification de leur référence$_F$, à savoir l'une des deux valeurs de vérité. Mais qui a saisi deux pensées vraies est encore loin de savoir qu'elles ont la même valeur de vérité; et lorsqu'il sait que l'une d'entre elles est vraie, il ne sait pas encore ce qu'il en est de l'autre. Deuxièmement, étant donné que chaque sens$_F$ détermine exactement une référence$_F$, la diversité des références$_F$ de deux expressions a pour conséquence la diversité de leur sens$_F$. Troisièmement, le rôle d'identification de la référence$_F$ qui revient aux sens$_F$ doit absolument être compatible avec le fait qu'il n'y a peut-être rien qui satisfasse cette condition. L'expression n'a alors aucune référence$_F$ et son sens$_F$ vise dans le vide. On peut citer comme exemple l'expression déjà mentionnée "Vulcain" entendue comme le nom propre d'une planète située sur l'orbite de Mercure, ou encore l'expression "l'actuel roi de France" énoncée au vingtième siècle. À première vue, le fait que Frege parle du "mode de donation" d'une référence$_F$ semble contredire une telle possibilité: comment ce qui n'existe absolument pas pourrait-il m'être donné? Mais Frege pense ici au cas normal dans lequel nous utilisons les mots avec l'intention de parler de leurs références$_F$. L'existence d'expressions vides constitue une déficience car elle fait échouer cette intention. Dans une langue scientifiquement irréprochable les sens$_F$ sont toujours des modes de donation de références$_F$ existantes.

§8 Les sens$_F$ considérés comme des prémisses et des conclusions d'arguments

Une raison très générale qui explique que la logique, même du point de vue de Frege, ne puisse pas renoncer à des concepts épistémiques tels que celui de sens$_F$ réside dans son statut de science autonome. Nous avons déjà vu que, pour Frege, il ne s'agit pas seulement en logique de mettre au point une technique permettant de distinguer les arguments valides des arguments non valides; il s'agit aussi de connaître des vérités. À l'instar de toutes les sciences, la logique sert d'abord et avant tout à gagner des connaissances: l'activité logique de conclure nous permet de fonder des vérités connues et de parvenir à de nouvelles connaissances.

Mais les connaissances sont des vérités connues, et les vérités, des pensées vraies, c'est-à-dire des sens$_F$ de phrases. Conclure est un acte intellectuel grâce auquel nous passons d'une pensée déjà reconnue comme vraie (la ou les prémisses) à une autre pensée vraie (la conclusion). La ou les prémisses, ainsi que la conclusion d'un argument, sont toujours pour Frege des pensées vraies reconnues comme telles.

Des pensées fausses, douteuses, voire absolument dépourvues de valeur de vérité, ne sauraient donc constituer des prémisses. Frege considère qu'il est impossible d'en rien conclure. Mais ne pouvons-nous pas faire comme si elles étaient vraies? Pourquoi n'aurions-nous pas le droit de supposer qu'une pensée fausse, douteuse, voire absolument dépourvue de valeur de vérité, est vraie et de faire de cette supposition la prémisse d'une conclusion? Ne suit-il pas, par exemple, de la supposition (fausse) que Vénus est plus grande que la Terre, cette conclusion que la Terre est plus petite que Vénus? Au sens strict, dit Frege, nous avons seulement le droit de dire: c'est ce qui s'*ensuivrait* si la prémisse *était* vraie. En effet, dans un argument valide, la fausseté de la conclusion n'est exclue que par l'être-vrai (effectif) d'une prémisse[244]. La pure et simple supposition qu'elle est vraie est insuffisante car les lois logiques sont les lois de l'être-vrai. Qui se contente de faire comme si elle était vraie se contente par là même de faire semblant de conclure: les conclusions dérivées de suppositions sont au mieux des conclusions hypothétiques et non pas des conclusions réelles. Frege présume que celui qui pense pouvoir conclure quelque chose à partir de suppositions confond arguments et jugements hypothétiques. Il est bien certain que si Vénus est plus grande que la Terre alors la Terre est plus petite que Vénus. La vérité de ce jugement est en effet indépendante de la question de savoir si l'antécédent est vrai ou faux – mais des jugements hypothétiques ne sont pas des conclusions. Cette façon de voir de Frege a encore une autre conséquence: s'agissant même de conclusions dérivant de pensées reconnues comme vraies, il ne dépend pas seulement de nous que nous en venions effectivement à conclure. Car si plus tard il devait s'avérer que nous nous sommes trompés à propos de la vérité d'une prémisse, notre conclusion s'avèrerait n'être qu'une pseudo-conclusion. Cela est moins surprenant qu'il n'y paraît. Savoir que quelque chose est vrai ne dépend en définitive pas seulement de nous, mais entre autres de

---

[244] Voir Chapitre 5, Paragraphe 1.

la question de savoir si ce quelque chose se comporte comme nous croyons. Pour Frege, conclure est une forme particulière de connaître: une forme de connaître qui, pour être justifiée, doit en appeler à d'autres vérités.

Chapitre 8. L'être-vrai et l'activité de reconnaître comme vrai

§1 La vérité est absolue

Selon Frege, nous nous tenons devant un monde qui existe en grande partie indépendamment de nous et qui détermine la valeur de vérité d'une pensée. La vérité ou la fausseté d'une pensée est indépendante du fait que des sujets pensants la tiennent pour vraie: "L'être-vrai est autre chose que le fait d'être tenu pour vrai, que ce soit par un individu, par plusieurs ou par tous, et on ne doit en aucune manière l'y ramener. Il n'y a aucune contradiction à ce que quelque chose soit vrai que tous tiennent pour faux [...]. S'il est vrai que j'écris ces mots dans mon bureau le 13 juillet 1893 alors que dehors le vent souffle, cela reste vrai, dussent tous les hommes le tenir ultérieurement pour faux."[245] La vérité est impersonnelle: "Peut-on trouver plus dangereuse manière de fausser le sens du mot 'vrai' que celle qui consiste à inscrire en lui une relation à celui qui juge!"[246] Le mot "vrai", dit Frege, ne signifie jamais "vrai pour X". Avec des phrases de la forme "Le fait que a soit F est vrai pour X", nous exprimons tout au plus que X tient pour vrai le fait que a soit F. La vérité n'est pas non plus relative à un moment du temps ou à un lieu. Qu'une pensée soit vraie ne veut pas dire qu'elle est vraie à l'instant t ou au lieu x. Toutes les déterminations spatiales et temporelles sont bien plutôt des parties de la pensée dont on énonce la vérité. "Le fait que a soit F est vrai ici et maintenant" dit tout au plus: "Le fait que a ici et maintenant soit F est (absolument) vrai". "Toutes les déterminations de lieu, de temps, etc., appartiennent à la pensée dont on considère la vérité; l'être-vrai lui-même n'est d'aucun temps ni d'aucun lieu."[247] De façon générale, Frege considère tous les paramètres qui semblent relativiser une attribution de vérité comme des déterminations supplémentaires de la pensée dont on considère la vérité. En ce sens pour Frege la vérité est absolue.

---

[245] *Lois Fondamentales de l'Arithmétique*, t. I, pp. xv et suivantes.
[246] *Ibid.*, t. I, p. xvi.
[247] *Ibid.*, t. I, p. xvii.

§2 L'omniprésence du sens_F de "vrai"

Les pensées sont ce qui, dans un jugement, est reconnu comme vrai ou dénoncé comme faux. Une phrase n'est vraie ou fausse qu'en un sens dérivé, dans la mesure où elle exprime une pensée vraie ou une pensée fausse. L'acte de juger consiste en un acte de reconnaître comme vrai, ou (c'est la même chose pour Frege) en un acte de reconnaître que quelque chose est vrai: reconnaître comme vrai que p, *c'est* reconnaître qu'il est vrai que p. Ce sont là autant de descriptions différentes du même acte. Du côté gauche de cette égalité le mot "vrai" appartient à la description de l'*acte* de juger alors qu'à droite il caractérise le *contenu* qui est jugé (la pensée reconnue comme vraie). Cependant, si ces actes sont identiques les pensées qui se trouvent respectivement jugées doivent l'être elles aussi. Frege n'a cessé de défendre tout au long de sa vie la thèse (Id):

La pensée que p = la pensée qu'il est vrai que p.

En raison de (Id), une phrase dans laquelle l'expression "vrai" n'intervient pas peut être remplacée par une phrase dans laquelle cette expression intervient sans que le sens_F s'en trouve modifié. À première vue, cela semble montrer que "vrai" est dépourvu de sens_F. Mais en vertu du principe de compositionalité du sens_F[248], une phrase qui contient une désignation dépourvue de sens_F est elle-même dépourvue de sens_F. De ce que l'ajout de "vrai" ne modifie pas la pensée exprimée, nous avons seulement le droit de conclure que le sens_F de ce mot est d'une espèce telle qu'il n'ajoute rien à la pensée exprimée: "Le mot 'vrai' a un sens qui ne contribue en rien au sens de la phrase entière dans laquelle il intervient."[249] "Vrai" n'est pas dépourvu de sens_F, il est vide de sens_F. Qui pense la pensée que p ne peut pas s'empêcher de penser la pensée qu'il est vrai que p car, sous un autre vêtement linguistique, il s'agit de la même pensée.

Cela n'est-il pas absurde? Nous ne sommes pourtant pas obligés de reconnaître comme vraie chaque pensée que nous saisissons! Certes, mais ce n'est pas non plus ce que dit (Id). Nous pouvons du moins penser toutes les pensées qui ne sont pas évidentes sans les reconnaître comme

---

[248] Voir Chapitre 7, Paragraphe 4.
[249] *Écrits Posthumes*, p. 298.

vraies, et cela vaut naturellement aussi pour la pensée qu'il est vrai que *p*. Comme Frege le souligne, penser que quelque chose est vrai n'est pas nécessairement juger. Il est donc pareillement clair que nous devons faire une différence entre le rapport qui unit une pensée au sens$_F$ de "vrai" et la relation qui unit une pensée à sa valeur de vérité. Étant donné que les pensées sont elles-mêmes des sens$_F$, la première relation est une relation entre des sens$_F$, la seconde, celle qui unit une pensée à sa référence$_F$. L'être-vrai d'une pensée n'est pas une partie de cette pensée, elle est son rapport au vrai. Mais (Id) implique que toute pensée contient le sens$_F$ de "vrai" au titre d'élément constitutif, et cela qu'elle soit vraie, fausse ou sans valeur de vérité. Dès lors que l'on pense, c'est-à-dire dès lors qu'une pensée est saisie, le sens$_F$ de "vrai" est toujours pensé avec. Il en va de même en ce qui concerne l'expression linguistique des pensées. Le prédicat de vérité "se distingue d'abord de tous les autres prédicats en ce que, quand quelque chose est dit, il est toujours dit avec."[250] Le sens$_F$ de "vrai" est omniprésent.

§3 Frege: toute définition du mot "vrai" ne peut être que circulaire

En raison de cette omniprésence, le sens$_F$ du prédicat de vérité est indéfinissable. En effet, définir (au sens ici pertinent) constitue pour Frege une activité intellectuelle complexe dont le résultat est un jugement. C'est une manière particulière de penser et penser c'est saisir des pensées. Mais s'il est impossible de saisir une pensée sans penser qu'elle est vraie alors la saisie du sens$_F$ de "vrai" est déjà présupposée dans toute définition. Par conséquent, il serait "vain d'expliciter par une définition ce qui doit être compris par le mot 'vrai'."[251] – mais ce serait également superflu car tout penseur, en tant qu'il pense, a depuis longtemps saisi le sens$_F$ de cette expression.[252]

---

[250] *Ibid.*, p. 152.
[251] *Ibid.*, p. 152.
[252] Je m'oppose ici, et dans ce qui suit, à une interprétation de la thèse de la non définissabilité de Frege qui remonte à Dummett 1973 (pp. 443 et suivantes) et qui semble aujourd'hui généralement acceptée. Selon Dummett, le coeur de l'argument de Frege est une prétendue régression à l'infini: pour décider la question de savoir si *p*, il faudrait d'abord décider s'il est vrai que *p*; mais pour décider s'il est vrai que *p*, nous devrions d'abord décider s'il est vrai qu'il est vrai que *p*, et ainsi de suite *ad infinitum*. Mais ainsi compris, l'argument n'est pas convaincant, il est même tout simplement absurde pour un défenseur de (Id). En revanche, dans la reconstruction que je propose, (Id) constitue la

Examinons d'un peu plus près cet argument. Que faut-il entendre ici par "définition"? Frege fait une distinction entre les définitions "constructives" et les définitions "décomposantes".[253] Une définition constructive sert à conférer un sens$_F$ à un signe "⌑" qui jusque-là était dépourvu de sens$_F$. Nous pourrions ainsi stipuler que "⌑" a le même sens$_F$ que le prédicat "( ) est plus petit que 2 mais plus grand que 0". Dès lors, nous pouvons utiliser le signe ainsi introduit et asserter, par exemple, que le nombre 1 est ⌑. On ne peut pas raisonnablement contester une définition constructive car elle ne constitue qu'une déclaration de volonté concernant le sens$_F$ qu'est censé avoir un signe jusque-là dépourvu de sens$_F$. Elle peut être plus ou moins adéquate au but que l'on se propose mais elle ne peut être ni vraie ni fausse. Il en va autrement avec les définitions décomposantes dont le but n'est pas de stipuler un sens$_F$ mais d'essayer d'éclaircir le sens$_F$ d'un signe utilisé depuis longtemps. Le résultat d'une telle décomposition se formule sous la forme d'une assertion qui énonce indirectement une identité de sens$_F$. Par exemple, qu'entend-on en français par "matou"? Réponse: les matous sont (la même chose que) des chats mâles.[254] Des exemples plus complexes montrent que l'on peut très bien aboutir ici à des divergences d'opinions. Les mensonges sont-ils, comme le pense Frege, des assertions considérées comme fausses par celui qui les énonce? Ou bien faut-il dire avec Augustin (354-430) que dans le mensonge il y a nécessairement aussi une intention de tromper? De tels doutes sont pour Frege un indice sûr du fait que nous ne saisissons pas clairement le sens$_F$ de l'une au moins des expressions utilisées ou que nous ne lui associons aucun sens$_F$ précisément délimité. Car qui a mis en pleine lumière le

---

prémisse décisive. Frege veut montrer qu'une définition décomposante de "vrai" aboutit à un cercle en raison de (Id). Au lieu de régresser à l'infini, nous faisons du sur place comme si nous étions dans "une cage à écureuil" (*Écrits Posthumes*, p. 158).

[253] Voir *Écrits Posthumes*, pp. 249-250.

[254] C'est seulement "de manière indirecte" qu'une identité de sens$_F$ se trouve ici énoncée car la phrase ne traite pas directement du sens$_F$ de "matou" mais elle spécifie d'une certaine manière le concept de matou. Il n'en demeure pas moins que, comme il ressort d'un bref coup d'oeil jeté aux *Lois Fondamentales de l'Arithmétique*, t. I, première partie, ainsi qu'à "Sens et Référence" (In Imbert 1994: p. 104, note), cette indication indirecte du sens$_F$ d'un signe par le biais d'une certaine manière de parler de sa référence$_F$ constitue la méthode favorite de Frege. En définitive, le sens$_F$ d'un signe n'est rien d'autre qu'une certaine manière de parler de sa référence$_F$ (dans la mesure où il en possède une) ou d'y penser.

sens$_F$ respectif de deux expressions sait également si ces expressions ont le même sens$_F$[255].

De ces deux espèces de définitions, Frege considère que les définitions constructives, qui stipulent le sens$_F$ d'une nouvelle expression, sont les définitions proprement dites. En revanche, les résultats des définitions décomposantes (réussies) ne sont qu'une espèce particulière d'assertions qui pourraient apparaître dans un système formel avec une valeur d'axiomes[256]. Au lieu de "décomposition d'un sens$_F$", la plupart des philosophes parleraient sans doute aujourd'hui d'"analyse conceptuelle". Même en ce qui concerne des expressions que nous comprenons parfaitement, leur sens$_F$ ne nous est que rarement présent avec tous ses éléments. Une décomposition sert d'abord et avant tout à faire apparaître ces éléments le plus clairement possible, à soi et aux autres. Mais ce mode d'explication du sens$_F$ ne peut pas progresser indéfiniment. Tôt ou tard il faut que nous nous heurtions à des sens$_F$ élémentaires qui eux-mêmes ne peuvent pas être analysés pour cette raison qu'ils n'ont plus d'éléments de sens$_F$ dans lesquels on pourrait les décomposer. Une définition décomposante ne permet pas d'expliquer ces sens$_F$ élémentaires, elle ne peut que les "illustrer". Les illustrations appartiennent à la propédeutique d'une science et contiennent des avertissements et des indications qui doivent permettre d'éviter les malentendus avec d'autres[257]. Encore une fois, il ne peut s'agir ici que de faire voir le plus clairement possible quel sens$_F$ (déjà saisi) est exprimé par quels signes. C'est ainsi que, pour Frege, les sens$_F$ des expressions "objet", "fonction", "concept", "identité" et "vérité" sont élémentaires et indéfinissables.

Une explication procédant par décomposition n'atteindra son but que si elle ne présuppose pas elle-même ce qui est à expliquer. Dans le cas contraire, elle est circulaire. Par exemple, qui ignore le sens$_F$ du prédicat d'identité "( ) = [ ]" ne sera pas plus avancé par une indication de la forme: "L'identité est la même chose que ..." Mais étant donné que toutes les définitions décomposantes aboutissent à des identités, cela prouve, selon Frege, la nature indéfinissable de ce prédicat[258]. Il en va de

---

[255] Voir *Écrits Posthumes*, p. 251.
[256] Voir *Ibid.*, p. 250.
[257] Voir *Ibid.*, p. 246.
[258] "Si dans une définition le signe d'égalité se trouve entre le groupe de signes expliqués et le groupe de signes explicatifs, il faut toujours le comprendre comme signe d'identité; car on stipule que ce premier groupe de signes veut dire la même chose."

même avec "vrai". En raison de (Id), penser une explication de la forme "l'être-vrai est la même chose qu'être *FGH*" consiste à saisir la pensée qu'il est vrai que l'être-vrai est la même chose qu'être *FGH*. Si nous voulions falsifier cette explication, il nous faudrait rechercher une vérité à laquelle manque l'une au moins des caractéristiques *F*, *G*, et *H*. Mais décider si un objet fait voir la propriété *F*, c'est décider si la pensée que cet objet est *F* est vraie. Nous ne pouvons "reconnaître qu'une chose a une certaine propriété sans en même temps estimer vraie la pensée que cette chose a cette propriété. Ainsi, à toute propriété d'une chose est liée une propriété d'une pensée, à savoir celle d'être vraie."[259] Reste que, dans la mesure où il est essentiel pour les définitions décomposantes en général d'indiquer des caractéristiques, dans la mesure également où des caractéristiques ne sont rien d'autre que des propriétés, toute décomposition du sens$_F$ de "vrai" est circulaire: "C'est ainsi qu'échoue [...] toute [...] tentative pour définir l'être-vrai. Car dans une définition on indiquerait certaines caractéristiques. Et dans l'application à un cas particulier, il importerait toujours de savoir s'il est vrai que ces caractéristiques sont constatées. On tournerait ainsi en cercle. Il est donc vraisemblable que le contenu du mot 'vrai' est tout à fait unique en son genre et indéfinissable."[260]

§4 La vérité est-elle une propriété?

Les pensées sont pour Frege les véritables et premiers porteurs des valeurs de vérité. Cela signifie-t-il que Frege considère la vérité et la fausseté comme des *propriétés* des pensées? À première vue, la réponse semble claire: oui, dit finalement Frege à plusieurs reprises, la vérité est une propriété des pensées. Mais ici on peut être sceptique pour trois raisons principales. Premièrement, le terme "propriété" n'appartient pas au vocabulaire technique de Frege. Le monde consiste en objets et en fonctions, et les concepts sont une espèce particulière de fonctions. Il est vrai que Frege considère les concepts qui subsument un objet comme des propriétés de cet objet. Reste que la manière dont il comprend le mot

---

(*Correspondance Scientifique*. Gabriel 1976: p. 248). Voir les objections que Frege fonde sur cette thèse contre certaines définitions de Peano et de Russell (*Ibid.* pp. 181 et suivantes; pp. 247 et suivantes.).
[259] "La Pensée". In Imbert 1994: p. 174.
[260] *Ibid.* pp. 172-173.

"concept" ne coïncide pas avec la manière dont nous comprenons habituellement le mot "propriété"[261]. Frege désigne la vérité comme une propriété car "linguistiquement" – ce qui chez lui veut dire: dans les langues naturelles – elle est représentée par un adjectif qualificatif[262]: "Le mot 'vrai' apparaît linguistiquement comme un adjectif qualificatif."[263] Mais le classement de la vérité parmi les propriétés, lequel est suggéré par les langues naturelles, s'accompagne d'une réserve explicite: "Aurions-nous ici affaire à quelque chose qui ne peut nullement être appelé propriété au sens usuel du terme? En dépit de ce doute, je commencerai par suivre l'usage en m'exprimant comme si la vérité était une propriété jusqu'à ce que je trouve quelque chose de plus adéquat."[264] Pourtant, si une pensée venait à tomber sous le concept de vérité alors la vérité serait une de ses propriétés. Mais – et c'est une deuxième raison d'être sceptique – on ne trouve jamais cette formulation chez Frege. Nulle part la vérité n'est expressément désignée comme un concept (au sens technique que Frege donne à ce mot). Au contraire, l'être-vrai d'une pensée est un objet – "le vrai" – et de ce fait (en raison du principe de la différence catégoriale entre fonctions et objets)[265] ce n'est pas un concept. La vérité d'une pensée ne consiste pas dans le fait que cette pensée tombe sous le concept de vérité; elle consiste dans le fait que cette pensée réfère$_F$ au vrai. Une troisième raison de douter du caractère de propriété de la vérité est le fait que "vrai" est vide de sens$_F$, ce qui, pour Frege, résulte directement de (Id). Selon lui, (Id) montre que la vérité, si tant est qu'elle soit une propriété, est une propriété très remarquable. Étant donné que dans "La pensée que p est vrai" le prédicat de vérité n'ajoute rien à la pensée exprimée, le sens$_F$ de cette phrase doit déjà être entièrement exprimé par l'expression en position de sujet "la pensée que p". Et de fait il en va bien ainsi car pour comprendre cette phrase il faut saisir la pensée que p, ce qui, en raison de (Id), est déjà le sens$_F$ complet de la phrase qu'il est vrai que p. Mais dans des phrases de cette forme l'expression en position de sujet "la pensée que p" semble en outre jouer le rôle d'un nom propre pour cette pensée. À première vue, la pensée que p n'est pas seulement exprimée par l'expression en position

---

[261] Voir Chapitre 5, Paragraphe 3.
[262] Nous traduisons *Eigenschaftswort* (littéralement: de propriété) par "adjectif qualificatif" (*N.d.T.*)
[263] "La Pensée". In Imbert 1994: p. 171.
[264] *Ibid.*, p. 174.
[265] Voir Chapitre 4, Paragraphe 2; Chapitre 5, Paragraphe 6.

de sujet, elle est aussi ce à quoi réfère$_F$ cette expression. La question est par conséquent de savoir si les phrases de la forme "la pensée que *p* est vraie" expriment effectivement, comme le suggère leur forme extérieure, une relation de subsomption entre une pensée et le concept de vérité. Sont-elles de la forme "*Fa*" où *a* désigne une pensée? Non, pense Frege. Une fois de plus c'est la langue naturelle qui nous trompe ici: "Si nous disons 'la pensée est vraie' nous semblons joindre à la pensée la vérité comme propriété. Nous serions ainsi en présence d'un cas de subsomption. La pensée serait comme un objet, subsumée sous le concept du vrai. Mais ici nous sommes trompés par la langue. Nous n'avons pas la relation d'un objet à une propriété, mais celle du sens d'un signe à sa référence."[266] L'expression en position de sujet "la pensée que *p*" n'est pas plus ici un nom propre que l'expression en position de prédicat "est vraie" n'est un terme conceptuel. C'est bien plutôt une relation sémantique qui se trouve exprimée, à savoir celle qui unit un sens$_F$ à sa référence$_F$. La pensée que *p* réfère$_F$ au vrai. La citation suivante évoque les trois raisons que nous venons d'énumérer:

"Mais cela, j'en suis sûr, sonne comme une fausse note. Si je dis 'La pensée que (16 – 2) est un multiple de 7 est vraie', je considère *vrai* comme une propriété de la pensée, alors que nous avons vu que la pensée est le sens, et le vrai, la référence de la phrase. Certes, comprendre la vérité comme une propriété des phrases ou des pensées correspond à l'expression linguistique. Si nous disons 'La phrase '3 > 2' est vraie' alors, d'après la forme linguistique, nous disons quelque chose de la phrase, à savoir qu'elle a une certaine propriété que nous désignons par le mot 'vrai'. Et si nous disons 'La pensée que 3 > 2 est vraie', il en va de même pour la pensée. Toutefois, le prédicat *vrai* est tout à fait différent des autres prédicats tels que, par exemple, vert, salé, rationnel, car ce que nous voulons dire par la phrase "La pensée que 3 > 2 est vraie", nous pouvons le dire plus simplement avec la phrase "3 est plus grand que 2". Ainsi n'avons-nous pas du tout besoin du mot 'vrai' ici. Et nous voyons qu'en réalité ce prédicat n'ajoute absolument rien au sens."[267]

---

[266] *Écrits Posthumes*, p. 231.
[267] *Ibid.*, pp. 276-277.

Une quatrième raison, que Frege à dire vrai ne donne pas, résulte de son principe de compositionalité de la référence$_F$: étant donné que la référence$_F$ d'une phrase est seulement déterminée par les références$_F$ des désignations qu'elle fait intervenir ainsi que par leur mode de mise en relation, l'absence de référence$_F$ d'une expression partielle a pour conséquence que la phrae ne possède aucune valeur de vérité. Si l'on ajoute la prise en compte de (Id), cela implique qu'avec des phrases de la forme "Le fait que *p* soit vrai" il *n'est pas* dit qu'une pensée soi-disant désignée par "le fait que *p*" possède la propriété d'être vraie. Autrement nous aurions une contradiction. Supposons que "Le fait que *p* soit vrai" exprime une relation de subsomption entre une pensée désignée par "le fait que *p*" et l'une de ses propriétés; supposons en outre que la pensée désignée par l'expression en position de sujet "le fait que p" ne possède aucune valeur de vérité. Il s'ensuit la fausseté de (Id). Car avec ces suppositions la pensée exprimée par la phrase "Le fait que *p* soit vrai" est fausse, et cela alors même que "*p*" n'est ni vrai ni faux. Par conséquent ces phrases n'expriment pas la même pensée. Peut-être Frege aurait-il vu dans cette considération une confirmation supplémentaire du fait qu'avec l'expression en position de sujet "le fait que *p*" la pensée que *p* n'est pas désignée mais seulement exprimée. Si "*p*" n'est ni vrai ni faux alors il doit en aller de même avec la phrase "Le fait que *p* soit vrai". Mais si aucune pensée n'est désignée, aucune propriété ne peut non plus être énoncée à son propos. À la place, Frege suggère que l'expression en position de sujet "le fait que *p*" tient ici lieu d'une *valeur de vérité* et que dans ce contexte "est vrai" doit être compris comme un prédicat qui dit la même chose que "est identique au vrai". Les phrases de la forme "Le fait que *p* soit vrai" énonceraient alors une identité entre des valeurs de vérité. Nous pourrions les lire ainsi: "La valeur de vérité de la pensée que *p* est identique au vrai".

Tels sont donc les arguments de Frege contre le caractère de propriété de la vérité. Leur portée apparaît pourtant limitée. Ils montrent tout au plus qu'avec des phrases de la forme "Le fait que *p* soit vrai" aucune relation de subsomption ne se trouve énoncée et que dans ces phrases "vrai" ne joue pas le rôle d'un adjectif qualificatif. Mais qu'en est-il des attributions de vérité telles que "La dernière pensée de Frege était vraie"? On peut difficilement mettre en doute ici le fait que l'expression en position de sujet "la dernière pensée de Frege" soit un authentique nom propre d'une pensée. En outre, dans cette phrase, le prédicat "est vrai" n'est pas vide de sens$_F$. Il contribue de façon substantielle à la pensée qui s'y trouve exprimée.

On peut légitimement soutenir que Frege n'est jamais parvenu à faire toute la lumière sur ce point. En fin de compte, deux raisons principales expliquent que sa conception soit demeurée obscure. La première est qu'il nous propose deux manières de lire les phrases de la forme "La pensée que *p* est vraie" sans éclaircir la relation qui existe entre elles: d'une part "La pensée que *p* réfère$_F$ au vrai", d'autre part "La valeur de vérité de la pensée que *p* est identique au vrai". La seconde est que ses arguments se concentrent exclusivement sur des phrases de la forme "Le fait que *p* soit vrai". Étant donné que, de manière indirecte ou indirecte, les réflexions de Frege s'appuient d'abord et avant tout sur (Id), une critique et une correction de ses conceptions pourrait partir de cette thèse (ainsi que de l'analyse du concept de jugement dont elle découle)[268].

§5 Juger c'est reconnaître une pensée comme vraie

La thèse selon laquelle juger c'est reconnaître une pensée comme vraie, Frege la présente comme le résultat d'une analyse du sens$_F$ habituel et familier du mot "jugement"[269]. Selon Frege, "X juge que *p*" a le même sens$_F$ que "X reconnaît comme vrai le fait que *p*". Cette analyse mérite une attention particulière car elle constitue l'explication standard que Frege fait du mot "jugement". Le moment constitutif d'un jugement consiste donc dans le fait de reconnaître quelque chose comme vrai. L'objet de la reconnaissance, c'est-à-dire ce à quoi elle se rapporte, est une pensée.

Mais dans quelle mesure peut-on dire d'une pensée qu'elle est reconnue? D'un mot, demander la reconnaissance d'un objet (ou d'un domaine d'objets) est identique à demander la reconnaissance de son existence. C'est en ce sens que Frege utilise lui aussi la plupart du temps le verbe "reconnaître". Lorsqu'il discute la question de la "reconnaissance" des classes ou celle de la "reconnaissance" d'un royaume des pensées, il s'agit pour lui d'un sens ontologique du mot "reconnaissance", à savoir "reconnaître" quelque chose "comme

---

[268] Pour un examen plus détaillé qui va bien au-delà de Frege, voir Künne, Wolfang (2002). *Conceptions of Truth*. Oxford. En particulier le Chapitre 6.

[269] "La Négation". In Imbert 1994: p. 205, note.

étant"[270]. Ce n'est pourtant pas le sens qu'envisage Frege lorsqu'il explique ce que veut dire juger. Il insiste sur le fait que dans un jugement les pensées ne sont pas simplement reconnues, elles sont reconnues *comme vraies*. Ce qui est reconnu dans un jugement c'est une prétention, à savoir la prétention d'une pensée à la vérité. Nous devons donc reformuler de la façon suivante la question posée plus haut: comment faut-il comprendre qu'une pensée ait une prétention de vérité, laquelle est reconnue dans le jugement?

Comme nous l'avons vu dans le premier paragraphe, le sens$_F$ de "vrai" est omniprésent. Dans la mesure où il est un élément constitutif de toutes les pensées, les pensées ont pour ainsi dire d'elles-mêmes des prétentions de vérité que celui qui juge se contente de reconnaître. Qu'importe que la pensée saisie soit vraie, fausse ou ni vraie ni fausse, qu'elle soit finalement reconnue comme vraie ou non, dans tous les cas elle se présente comme vraie à celui qui la pense. Penser que p, *c'est penser qu'il est vrai que p*. Les pensées se distinguent en cela de tous les autres sens$_F$. Ce fait pour la pensée de se présenter comme vraie peut être interprété comme sa prétention à être vraie. Qui juge que p se contente de confirmer ce que la pensée exprime, à savoir qu'il est vrai que p. Il reconnaît seulement une prétention que la pensée transmet déjà d'elle-même à celui qui pense.

§6 Penser en s'abstenant de juger

Nous pouvons saisir des pensées sans juger. Autrement dit, il y a des actes de la pensée "pure et simple" dans lesquels une pensée est pensée sans être jugée. Le sens linguistique de cette thèse s'énonce ainsi: "Ce sont deux choses différentes, seulement exprimer une pensée et en outre l'asserter."[271] Frege illustre et justifie cette thèse en renvoyant à trois situations d'énonciations de nature très différente. Au premier groupe appartient l'usage "fictif" de la langue qui est, par exemple, celui d'un comédien sur scène: celui-ci énonce des phrases assertoriques et exprime des pensées mais il n'asserte pas, il fait seulement semblant d'asserter. D'une toute autre nature sont certains actes de parole qui appartiennent à un second groupe et pour lesquels la neutralité quant à la valeur de vérité

---

[270] *Ibid.*, p. 199.

[271] *Correspondance Scientifique*. In Gabriel 1976: p. 33.

de la pensée exprimée est essentielle: qui pose une question ou formule une supposition exprime une pensée sans la poser comme vraie. En tant que logicien, Frege souligne l'importance particulière des actes de pensée purs et simples qui appartiennent à un troisième groupe: des pensées qui ne sont pas reconnues comme vraies se présentent comme des pensées partielles de structures de pensée qui, quant à elles, sont reconnues comme vraies. Les jugements conditionnels et disjonctifs, ainsi que leurs manifestations linguistiques, en sont des exemples manifestes. Dans des assertions simples de la forme "Si p alors q" et "p ou q", il n'est asserté ni que p ni que q. À chaque fois, c'est seulement la pensée principale complexe qui est posée comme vraie, à savoir que (Si p alors q) ou que (p ou q). Dans les deux cas, "[n]ous avons un seul acte de juger mais trois pensées."[272] Reste que ce ne sont pas seulement les jugements conditionnels et disjonctifs, ce sont tous les jugements complexes du point de vue de la pensée, c'est-à-dire les jugements qui contiennent plus qu'une pensée, qui, selon Frege, si l'on considère les buts assignés à la logique, doivent être conçus comme des structures constituées de pensées pures et simples et dont seule la pensée principale est reconnue comme vraie.

Tous les exemples que donne Frege servent à illustrer et à fonder sa thèse selon laquelle nous pouvons penser et exprimer une pensée sans la reconnaître comme vraie. À vrai dire, un seul exemple convaincant aurait suffi à l'établir. En tout cas, pour comprendre ce qu'est l'acte de saisie pure et simple d'une pensée, nous ne pouvons pas nous en tenir uniquement aux exemples restreints à l'un des trois groupes mentionnés. Saisir et exprimer purement et simplement une pensée ne *signifie* pas formuler une supposition ou une question. Ce n'est pas non plus le pendant intellectuel de l'activité consistant à faire semblant d'asserter au théâtre ou à formuler l'antécédent d'un conditionnel. Tout ce que ces activités très différentes ont en commun, c'est d'inclure un acte de saisie pure et simple d'une pensée. Pour le reste, elles sont différentes. Il en va de même avec les exemples que Frege emprunte au domaine de la fiction. Que ses phrases aient ou non une valeur de vérité, cela peut être indifférent au poète. La saisie correcte du sens$_F$ d'une phrase dans une œuvre de fiction pose d'autres exigences que, par exemple, la

---

[272] "La Négation". In Imbert 1994: p. 198.

compréhension de l'antécédent d'un conditionnel dans un article scientifique. Reste que l'interprétation correcte de ces deux phrases exige que les pensées correspondantes soient comprises comme étant exprimées purement et simplement (et non pas posées comme vraies). La mise en opposition par Frege de "la fiction" et de "la vérité" (ou de "la science") se fonde sur les dispositions différentes qui accompagnent de manière caractéristique les actes de pensée et les énonciations dans chacun de ces domaines. Le poète s'abstient de juger mais l'abstention du jugement est seulement une caractéristique nécessaire de la disposition poétique. Qui reconnaît comme vrai un conditionnel (simple) "Si p alors q" pense trois pensées, parmi lesquelles deux sont pensées purement et simplement. Frege ne veut toutefois pas dire que nous devenons poètes en nous abstenant ainsi deux fois de juger comme le veut la règle.

§7 Penser et juger la même pensée

"La pensée est essentiellement la même, que nous l'exprimions purement et simplement ou que nous la posions en outre comme vraie."[273] Avec des formes de conclusion telles que la règle de séparation ("$p \to q$; p; donc q") qui contiennent au moins une structure de phrase parmi leurs prémisses, des dilemmes se présentent comme par exemple celui-ci: la phrase "q" incluse dans la prémisse conditionnelle "$p \to q$" signifie-t-elle réellement la même chose que la conclusion "q", comme le suggère le fait que la même lettre soit utilisée. Si la réponse est oui alors la conclusion se contente d'exprimer ce qui de toute façon a déjà été dit dans la prémisse. Si la réponse est non alors la règle de séparation n'est pas valide. Dans le premier cas, la conclusion est seulement l'écho d'une partie de la prémisse conditionnelle, une pure et simple récapitulation de quelque chose qui a déjà été dit dans cette prémisse. On ne pourrait donc jamais rien apprendre de réellement nouveau avec une conclusion. Pourtant, toute sa vie durant, Frege n'a cessé d'insister avec raison sur le fait que les conclusions nous permettent d'obtenir de nouveaux résultats. On peut difficilement contester que la conclusion d'une preuve mathématique compliquée accroisse nos connaissances. La conclusion aurait-elle donc une autre teneur que le conséquent de la prémisse conditionnelle? Non. Dans le cas

---

[273] *Écrits Posthumes*, p. 210.

contraire l'argument ne serait pas valide car, dès que nous signalons cette prétendue différence de contenu en recourant à des lettres différentes pour le conséquent et pour la conclusion, nous obtenons la forme de conclusion non valide "$p \rightarrow q; p$; donc r".

Ce dilemme apparent repose sur la plurivocité des mots "ce qui a été dit", "contenu", "teneur". Avec Frege, nous pouvons dire que l'on ne sait pas très bien si la pensée que l'on vise par ces mots "s'accompagne ou non du jugement qu'elle est vraie."[274] En effet, c'est précisément en cela que consiste pour lui la différence entre le conséquent de la prémisse conditionnelle et la conclusion. Alors que l'antécédent exprime une pensée pure et simple, la même pensée est reconnue comme vraie dans la conclusion. Le progrès cognitif par rapport aux prémisses réside dans le fait qu'un contenu d'abord pensé purement et simplement peut légitimement désormais être reconnu comme vrai. L'avancée qu'effectue la conclusion par rapport aux prémisses ne consiste pas dans la saisie d'une pensée nouvelle, elle consiste bien plutôt dans la modification légitime de la disposition épistémique à l'égard de la pensée d'abord pensée purement et simplement. Pour Frege, conclure est une forme de jugement particulière.

De manière générale, juger une pensée d'abord pensée purement et simplement laisse celle-ci intacte: "Nous ne pouvons rien modifier de la consistance d'une pensée en la jugeant."[275] Juger n'ajoute ni ne retire rien à la pensée. Une modification de la relation entre le sujet et la pensée ne saurait être décrite comme une modification de la pensée. Seul le sujet pensant fait l'expérience d'une modification. Étant donné que les sens$_F$ sont pour Frege les modes de donation des références$_F$, les modes de donation des objets et des concepts qu'articule une pensée ne sont pas non plus touchés par une modification de la disposition épistémique à l'égard de cette pensée. La manière dont nous pensons un objet ou un concept, la manière dont ceux-ci nous sont donnés, reste identique, que nous pensions la pensée purement et simplement ou que nous la reconnaissions comme vraie. Au niveau linguistique, cela correspond au fait que la "force assertorique" d'une énonciation qui la constitue en assertion ne contribue en rien au sens$_F$ de la phrase qui se trouve énoncée. Il faut bien plutôt que la détermination des conditions de vérité

---

[274] *Ibid.*, p. 221.
[275] "La Négation", p. 201.

d'une phrase soit déjà achevée avant que nous puissions l'exprimer purement et simplement ou l'asserter.

§8 Penser n'est pas engendrer des pensées

Frege critique ces philosophes "qui voulant expliquer ce qu'est un jugement, se sont fourvoyés à l'expliquer par la composition."[276] Un jugement est un tout dans le contenu duquel on peut distinguer des parties de pensées, mais l'unité de pensée qui fait l'objet du jugement n'est pas créée par l'acte de juger, elle était déjà là auparavant. "Une autre erreur est liée à celle-ci. On pense que celui qui juge, en jugeant, établit le rapport et l'ordre des parties entre elles, et ce faisant produit le jugement. Cette opinion ne distingue pas la saisie de la pensée et la reconnaissance de sa vérité […]. Il est évident que la pensée, le rapport entre ses parties, n'a pas été établie par cet acte de juger; car elle existait déjà antérieurement."[277] La formation d'une phrase peut bien être décrite comme une jonction de mots, il n'en demeure pas moins que ce modèle ne saurait être transféré au niveau de l'acte de penser. Ni l'acte de penser pur et simple ni l'acte de juger ne consistent dans le fait de "former" des pensées. Qui juge prend bien plutôt position vis-à-vis d'une unité de pensée déjà existante. Frege est convaincu que la doctrine traditionnelle du jugement renverse l'ordre réel des choses. Juger n'est pas joindre un sujet et un prédicat, c'est reconnaître comme vrai; et ce n'est pas la reconnaissance (d'une pensée) comme vrai(e) qui constitue le moment de liaison produisant l'unité de pensée, mais le caractère non saturé du sens$_F$ du prédicat.

Frege considère que l'étude des actes de jugement est une tâche qui revient à la psychologie[278]. Il s'empresse d'ajouter la plupart du temps que des recherches *purement* psychologiques consacrées à l'activité de juger (comme à n'importe quoi relevant de l'activité de penser) sont vouées à demeurer incomplètes car une explication exhaustive devrait prendre en considération ce qui n'appartient pas au domaine d'objet de la psychologie, à savoir la pensée. Les pensées ne sont rien de psychique, elles échappent donc à toute recherche ayant pour objet les événements psychiques, aussi minutieuse soit-elle. Penser est "un processus à la

---

[276] *Ibid.*, p. 205.
[277] *Ibid.*, p. 205.
[278] *Écrits Posthumes*, pp. 299-300.

limite du psychique que, pour cette raison, nous ne pouvons pas comprendre parfaitement d'un point de vue purement psychologique, car ici quelque chose entre essentiellement en ligne de compte qui, au sens strict, n'est plus psychique, à savoir la pensée."[279] Les pensées sont des objets atemporels, non sensibles, qui existent indépendamment du fait qu'on les pense ou qu'on les juge. En pensant, nous entrons en relation avec une pensée. Frege veut que l'on comprenne littéralement ce qu'il dit d'une relation avec un objet atemporel et non sensible. C'est ce que montre l'analyse qu'il fait des phrases telles que "Copernic croyait que les orbites des planètes étaient des cercles". Dans cette phrase, "le nom propre 'Copernic' désigne un homme, tout comme la subordonnée 'que les orbites des planètes étaient des cercles' désigne une pensée, et l'on dit qu'entre cet homme et cette pensée il existe une relation, à savoir que cet homme tient cette pensée pour vraie. L'homme et la pensée se tiennent donc ici pour ainsi dire sur la même scène.[280] Nous pouvons généraliser l'analyse de Frege de la façon suivante. Dans une phrase de la forme "A pense que p", on constate une relation entre deux objets, un sujet A et la pensée que p. Frege considère que la formulation habituelle "la pensée d'une pensée" suggère le malentendu déjà mentionné, à savoir que la pensée serait le *produit* de l'activité de penser, qu'elle serait engendrée ou formée par celui qui pense. Selon lui, la métaphore de l'appréhension de quelque chose d'extérieur à la conscience est beaucoup plus adéquate et moins trompeuse. En pensant, nous "saisissons" des pensées de la même manière que nous prenons un objet avec nos mains: "En pensant nous n'engendrons pas des pensées, nous les saisissons."[281]

Tout acte de penser est un processus psychologique, même l'acte logique de conclure. Pour passer des prémisses à la conclusion "il faut un travail intellectuel – celui de conclure"[282]. Outre les actes de pensées, les représentations sont elles aussi des parties du flux de conscience, de même que les impressions sensorielles, les créations de l'imagination, les sensations, les sentiments, les humeurs, les inclinations et les souhaits[283]. Les actes de pensée ont donc ceci en commun avec les représentations

---

[279] *Ibid.*, p. 170.
[280] *Correspondance Scientifique*. In Gabriel 1976: p. 246.
[281] "La Pensée". In Imbert 1994: p. 191.
[282] *Écrits Posthumes*, p. 305.
[283] *Ibid.*, p. 305.

qu'elles sont de nature psychique et ont nécessairement besoin d'un porteur. Si avec l'attribut "subjectif" on n'entend rien dire de plus que "psychique" alors les actes de pensée sont pour Frege tout autant subjectifs que les représentations. À cet égard, ils ne se distinguent pas des sensations, des sentiments et des impressions sensorielles. Comme ces derniers, ils sont des éléments constitutifs du flux de conscience d'un sujet qui pense ou qui se représente quelque chose. Selon Frege, il est possible de concilier cela avec le fait que, d'un autre point de vue, les actes de pensée sont fondamentalement différents des représentations. Comme nous l'avons vu, l'activité de penser (mais non pas celle d'avoir une représentation) consiste dans le fait de "saisir" quelque chose qui n'est pas un élément constitutif de la psyché du sujet pensant: "La pensée n'est pas aussi particulièrement propre à celui qui la pense que la représentation à celui qui se la représente, mais elle se tient identique à elle-même en face de tous ceux qui la considèrent."[284] La subjectivité de l'activité de penser s'oppose nettement à l'objectivité de ce qui est pensé. Les actes de pensée sont des contenus d'une conscience mais leur contenu propre n'est rien de psychique. Parler aussi bien du "contenu" d'une conscience que de celui d'un acte de pensée renvoie à plusieurs sens du mot "contenu" et l'on doit se défaire ici du modèle des poupées russes: le fait qu'un acte de pensée soit le contenu d'une conscience n'implique pas que le contenu de l'acte de pensée (la pensée qui est pensée) soit lui aussi le contenu d'une conscience. Les actes de pensée sont des contenus de la conscience dans la mesure où, tout comme les représentations, ils sont des éléments constitutifs de la conscience. Mais les pensées ne sont des contenus des actes de pensée qu'au sens métaphorique où l'on peut aussi les appeler des contenus de phrases assertoriques.

§9 Poser comme vrai et la "force assertorique"

Frege ne cesse d'insister sur le fait que la présence du mot "vrai" dans une phrase n'est ni nécessaire ni suffisante pour poser comme vraie la pensée exprimée. Elle n'est pas suffisante car "si un comédien sur scène dit 'il est vrai que 3 est plus grand que 2', il ne l'asserte pas."[285]; elle n'est pas non plus nécessaire "car ce que nous disons avec la phrase 'La

---

[284] *Écrits Posthumes*, p. 157.
[285] *Ibid.*, p. 277.

pensée que 3 > 2 est vraie', nous pouvons le dire plus simplement avec la phrase '3 est plus grand que 2'. Nous n'avons donc pas du tout besoin du mot 'vrai' pour cela."[286] À première vue, dit Frege, il semblerait que le prédicat "( ) est vrai" ait pour tâche en français d'asserter quelque chose comme vrai. Mais cette impression est trompeuse car un examen plus précis montre que ce n'est pas le sens$_F$ de "( ) est vrai" qui remplit cette tâche, mais la présence de la "force assertorique" avec laquelle une phrase est énoncée. Le prédicat de vérité prétend seulement exercer une fonction qu'il ne peut avoir dans une langue où il intervient également à l'intérieur de phrases non assertées. À chaque fois qu'une phrase est posée comme vraie, cela arrive en vertu, non du sens$_F$ de "vrai", mais de la force assertive de l'énonciation.

Avec sa conception de la "force" d'une assertion, Frege anticipe un concept crucial de la théorie des actes de langage telle qu'on la trouvera développée plus tard, en particulier par John L. Austin (1911-1960)[287]. Une phrase peut être énoncée avec une force assertorique, mais aussi, par exemple, avec une force interrogative. Son sens$_F$ est le même dans les deux cas. Frege considère que celui qui demande: "Mars est-elle une planète?" exprime la même pensée que celui qui asserte: "Mars est une planète"[288]. Tout comme son sens$_F$, la force d'une assertion est un élément constitutif stable de sa signification. Elle appartient à ce qu'un auditeur compétent doit saisir s'il veut parfaitement comprendre une énonciation. Qui saisit la pensée exprimée sans toutefois savoir si le locuteur interroge ou asserte n'a pas bien compris l'énonciation. Outre les énonciations dotées d'une force assertorique et interrogative qui expriment des pensées, Frege mentionne encore la force impérative et la force définitionnelle. Contrairement aux deux premières, le sens$_F$ d'une énonciation dotée d'une force impérative ne peut être dit ni vrai ni faux. Ce sens$_F$ n'est pas une pensée[289]. Bien que Frege ne le dise pas expressément, il devrait en être de même des définitions "constructives"

---

[286] *Ibid.*, pp. 276-277.
[287] Voir le concept de *"illocutionary force"* in Austin, John, Langshaw (1962). *How to do Things with Words*. Oxford.
[288] Il faut cependant prêter attention au fait que, pour Frege, seul le sens$_F$ des questions mettant en jeu une *phrase*, auxquelles on peut répondre par "oui" ou par "non", contient une pensée complète. Des questions mettant en jeu un *mot* telles que "Quelle planète se trouve entre la Terre et Jupiter?" n'ont pour sens$_F$ qu'un fragment de pensée.
[289] "Sens et Référence". In Imbert 1994: p. 114.

dans lesquelles on stipule le sens$_F$ d'un nouveau signe. Étant donné qu'avec de telles définitions on stipule qu'un signe doit avoir tel sens$_F$ déterminé, il semble qu'elles soient apparentées aux ordres.

Indications bibliographiques

1. Ouvrages de Frege

1.1. Éditions usuelles des oeuvres principales de Frege

Begriffsschrift, eine der arithmetischen nachgebildete Formelsprache des reinen Denkens (1879). Halle/Saale.
[*Idéographie – Une Langue Formulaire de la Pensée Pure construite d'après celle de l'Arithmétique*, trad. par Corine Besson (1999). Paris: Vrin.]
Begriffsschrift und andere Aufsätze [*Conceptographie et autres Articles*], Angelelli, Ignacio, éd. (1977). Darmstadt et autres. On y trouve entre autres l'article "Über den Zweck der Begriffsschrift" ["Sur le But de la Conceptographie", in Imbert 1971].
Die Grundlagen der Arithmetik. Eine logisch mathematische Untersuchung über den Begriff der Zahl (1884). Breslau. On a le choix ici entre l'édition du centenaire de Christian Thiel (1986. Hamburg) et celle réalisé par Joachim Schulte (1995. Stuttgart). L'édition de Thiel est plus riche et se trouve accompagnée d'un excellent commentaire. Celle de Schulte est beaucoup moins onéreuse. Les deux éditions contiennent d'excellentes introductions et postfaces.
[*Les Fondements de l'Arithmétique. Une Recherche Logico-Mathématique sur le Concept de Nombre*, trad. par Claude Imbert (1969). Paris: Seuil.]
Grundgesetze der Arithmetik. Begriffsschriftlich abgeleitet [*Lois Fondamentales de l'Arithmétique. Dérivées Conceptographiquement*] Hildesheim, 1962.

1.2. Éditions les plus importantes des articles de Frege

Funktion, Begriff, Bedeutung, Patzig, Günther, éd. (1962). Göttingen. On y trouve entre autres les articles "Funktion und Begriff", "Über Sinn und Bedeutung", "Über Begriff und Gegenstand", "Was ist eine Funktion ?".

Logische Untersuchungen, Patzig, Günther, éd. (1966). Göttingen. On y trouve, entre autres, "Der Gedanke", "Die Verneinung", "Gedankengefüge", "Kritische Beleuchtung einiger Punkte in E. Schröders Vorlesungen über die Algebra der Logik". Les introductions de Patzig, dans chacun des deux volumes, sont excellentes.

Kleine Schriften, Angelelli, Ignacio, éd. (1967). Darmstadt. On y trouve, entre autres, "Über die Begriffsschrift des Herrn Peano und meine eigene", "Rechnungsmethoden, die sich auf eine Erweiterung des Grössenbegriffes gründen", "Funktion und Begriff", "Über Sinn und Bedeutung", "Über Begriff und Gegenstand", "Was ist eine Funktion ?", "Über die Grundlagen der Geometrie. II", "Der Gedanke", "Die Verneinung", "Gedankengefüge".

[*Gottlob Frege. Écrits Logiques et Philosophiques*, trad. par Claude Imbert (1994; 1971 pour la première édition). Paris: Seuil, "Points essais".]

1.3. Œuvres posthumes et correspondance scientifique de Frege

Nachgelassene Schriften, Hermes, Hans/ Kambartel, Friedrich/ Kaulbach, Friedrich, éds. (1983). Hamburg. On en trouve une sélection dans *Schriften zur Logik und Sprachphilosophie. Aus dem Nachlass*, Gabriel, Gottfried, éd. (1978). Hamburg.

[*Gottlob Frege. Écris Posthumes*. Trad. sous la direction de Philippe de Rouilhan et de Claudine Thiercelin. (1994). Nîmes: Éditions Jacqueline Chambon.]

Wissenschaftlicher Briefwechsel [*Correspondance Scientifique*], Gabriel, Gottfried, et autres, éd. (1976). Hamburg. On en trouve une sélection dans *Briefwechsel mit D. Hilbert, E. Husserl, B. Russell sowie ausgewählte Einzelbriefe*, Gabriel, Gottfried/ Kambartel, Friedrich/ Thiel, Christian, éds. (1980). Hamburg.

2. Littérature secondaire

2.1. Éléments biographiques

Gabriel, Gottfried/ Kienzler, Wolfang, éds. (1997). *Frege in Jena*. Würzburg.

Gabriel, Gottfried/ Kienzler, Wolfang, éds. (1994). "Gottlob Freges politisches Tagebuch". In *Deutsche Zeitschrift für Philosophie*, 1994, 42, n° 6, pp. 1057-1098.
Gabriel, Gottfried/ Dathe, Uwe, éds. (2000). *Gottlob Frege*. Paderborn.
Kreiser, Lothar (2001). *Gottlob Frege. Leben, Werk, Zeit*. Hamburg.

2.2. Introductions utiles

Anscombe, Elizabeth/Geach, Peter Thomas (1961). *Three Philosophers*. Oxford: Oxford University Press
Beaney, Michael (1996). *Frege. Making Sense*. London.
Curry, Gregory (1982). *Frege. An Introduction to his Philosophy*. Harvester.
Kenny, Anthony (1995). *Frege*. Massachusetts: Blackwell
Künne, Wolfang (1996). "Gottlob Frege". In Borsche, Tilman, éd.(1996). *Klassiker der Sprachphilosophie: Von Platon bis Chomsky*. München.
Kutschera (von), Franz (1986). *Gottlob Frege: Eine Einführung in sein Werk*. Berlin.
Meyer, Verena (1996). *Gottlob Frege*. München.
Ricketts, Tom, éd. (2001). *The Cambridge Companion to Frege*. Cambridge.
Sluga, Hans (1980). *Gottlob Frege*. Oxford.
Thiel, Christian (1965). *Sinn und Bedeutung in der Logik Gottlob Freges*. Meisenheim.
Weiner, Joan (1999). *Frege*. Oxford.

2.3. Travaux plus exigeants mais indispensables

Dummet, Michael (1973). *Frege: The Philosophy of Language*. London.
Dummet, Michael (1978). *Truth and Other Enigmas*, London.
Dummet, Michael (1981). *The Interpretation of Frege's Philosophy*. London.
Dummet, Michael (1988). *Ursprünge der analytischen Philosophie*. Frankfurt am Main.
Dummet, Michael (1991). *Frege and other Philosophers*. Oxford.

Dummet, Michael (1991). *Frege, Philosophy of Mathematics*. Cambridge, Massachusetts.

2.4. Études plus spécifiques et anthologies incluant Frege

Carl, Wolfang (1994). *Frege's Theory of Sense and Reference*, Cambridge.
Carl, Wolfang (1982). *Sinn und Bedeutung*. Königstein im Taunus.
Demoupolos, William (1997). *Frege's Philosophy of Mathematics*, Cambridge, Massachusetts.
Falkenberg, Gabriel (1998). *Sinn, Bedeutung, Intensionalität*. Tübingen.
Heck, Richard, éd. (1997). *Language, Truth and Logic*. Oxford.
Kleemeier, Ulrike (1997). *Gottlob Frege. Kontext-Prinzip und Ontologie*. Freiburg.
Max, Ingolf/ Stelzner, Werner, éds. (1995). *Logik und Mathematik*. Berlin/ New York.
Schirn, Matthias, éd. (1996). *Frege: Importance and Legacy*. Berlin.
Stelzner, Werner, éd. (1995). *Philosophie und Logik*. Berlin/ New York.
Stepanians, Markus (1998). *Frege und Husserl über Urteilen und Denken*. Paderborn.
Stuhlmann-Laeisz, Ranier (1995). *Gottlob Freges Logische Untersuchungen*. Darmstadt.
Wright, Crispin (1983). *Frege's Conception of Numbers as Objects*, Aberdeen.
Wright, Crispin, éd. (1984). *Frege: Tradition and Influence*. Oxford.

Tableau chronologique

1848	8 novembre: naissance de Friedrich Ludwig Frege, à Wismar.
1869-71	Études de mathématiques, de physique, de chimie et de philosophie à l'université de Iena.
1871-73	Études de mathématiques, de physique et de philosophie à l'université de Göttingen. Doctorat de mathématiques.
1874	Habilitation en mathématiques à Iena.
1879	Publication de la *Conceptographie*. Nommé professeur extraordinaire.
1884	Publication des *Fondements de l'Arithmétique*.
1887	Mariage avec Margarete Lieseberg.
1889-90	Différence entre sens$_F$ et référence$_F$.
1891-92	Publication des articles "Fonction et Concept", "Sens et Référence" et "Concept et Objet".
1893	Publication du premier tome des *Lois Fondamentales de l'Arithmétique*.
1896	Nommé professeur honoraire ordinaire.
1902	Dans une lettre, Russell informe Frege d'une contradiction dans le système des *Lois Fondamentales* ("antinomie de Russell").
1903	Publication du deuxième tome des *Lois Fondamentales de l'arithmétique*.
1904	Mort de Margarete Frege des suites d'une longue maladie.
1917-18	Frege est d'abord mis en disponibilité puis en retraite.
1918-23	Publication des articles "La Pensée", "La Négation" et "Structure des Pensées".
1925	Frege meurt à Bad Kleinen, dans la nuit du 25 au 26 juillet, et est enterré à Wismar.

A propos de l'auteur

Markus S. Stepanians est né en 1959. Il étudie la philosophie, la linguistique et les lettres à l'université de Hambourg, puis à l'université de Harvard, Cambridge, États-Unis. En 1993, il soutient sa thèse de doctorat consacrée à Frege et à Husserl (*Frege und Husserl über Urteilen und Denken*: Stepanians 1998). Il est aujourd'hui assistant scientifique à la chaire de philosophie pratique de l'université de la Sarre.